胡耀文 朱钢◎编著

# DeepSeek 探索未至之境

90集视频

清華大學出版社
北京

## 内 容 简 介

本书是一本全面介绍 DeepSeek 技术的实用指南。本书从基础概念入手，逐步深入，涵盖了 DeepSeek 的核心功能、应用场景、技术实现及未来发展趋势，并结合 AI Agent（智能体）展开分析。全书共 8 章。

第 1 章介绍 DeepSeek 的基本概念和实用技巧，结合费曼学习法展示如何高效学习，并探讨 DeepSeek 在内容创作、教育、商业、科技等领域的广泛应用；第 2 章详细讲解 DeepSeek 与剪映、即梦 AI、豆包的协同使用，帮助读者快速实现短视频制作与数字人带货、战斗场景与住宅设计、创意内容生成等任务；第 3 章指导读者完成 DeepSeek 的本地化部署，包括安装 Ollama、部署 DeepSeek 模型、部署与配置 Open WebUI、集成 CodeGPT 插件等，并通过"代码解读助手"项目实战巩固所学知识；第 4 章介绍如何在腾讯云平台上部署 DeepSeek 模型，并通过"英语学习助手"项目实战展示云平台的应用价值；第 5 章深入探讨 DeepSeek API 的使用、模型的基本概念、自定义模型开发、模型优化、数据处理、推理模型及 API 的实现技术，帮助读者掌握高级技能；第 6 章聚焦分布式训练、自然语言处理、计算机视觉、强化学习等前沿领域，结合实践案例展示 DeepSeek 在 AI 研究中的应用；第 7 章分析 AI 技术在制造业的应用现状，探讨 DeepSeek 的最新技术研究领域、技术演进过程、未来发展方向，展望 AI 未来技术突破与生态演进；第 8 章介绍利用 DeepSeek 和 Coze 构建一个能够一键生成爆款图文（适用于小红书、抖音、微信等社交平台）的智能体案例。全面演示了如何使用工作流节点进行复杂业务逻辑的编排，包括大模型节点、插件节点、循环节点等元素的有效组合，从而实现自动化的内容创作。

本书内容由浅入深，理论与实践相结合，适合 AI 初学者、开发者、研究人员及行业从业者阅读，旨在帮助读者全面掌握 DeepSeek 技术，并将其应用于实际场景中。



**图书在版编目（CIP）数据**

DeepSeek 探索未至之境：90 集视频 / 胡耀文，朱钢编著 .
北京：清华大学出版社，2025. 4. -- ISBN 978-7-302-68859-4

Ⅰ. TP18

中国国家版本馆 CIP 数据核字第 20252D15B8 号

**责任编辑：** 杜　杨
**封面设计：** 墨　白
**责任校对：** 徐俊伟
**责任印制：** 杨　艳
**出版发行：** 清华大学出版社

网　　址：https://www.tup.com.cn，https://www.wqxuetang.com
地　　址：北京清华大学学研大厦 A 座　　邮　　编：100084
社 总 机：010-83470000　　邮　　购：010-62786544
投稿与读者服务：010-62776969，c-service@tup.tsinghua.edu.cn
质 量 反 馈：010-62772015，zhiliang@tup.tsinghua.edu.cn

**印 装 者：** 三河市铭诚印务有限公司
**经　　销：** 全国新华书店
**开　　本：** 170mm × 240mm　　**印　　张：** 12.25　　**字　　数：** 222 千字
**版　　次：** 2025 年 5 月第 1 版　　**印　　次：** 2025 年 5 月第 1 次印刷
**定　　价：** 69.80 元

---

产品编号：112061-01

# 前言
PREFACE

DeepSeek 的爆火必然加剧人工智能（AI）市场的竞争。一方面，DeepSeek 凭借低成本、高性能的优势，有望在全球市场占据更大份额，打破美国在 AI 领域的主导地位，推动全球 AI 生态更加多元化。但另一方面，数据隐私与安全问题至关重要，随着应用越来越广泛，必须加强数据加密和隐私保护技术。同时，AI 市场技术迭代迅速，DeepSeek 的未来充满无限可能。

在当今信息爆炸的时代，数据的价值愈发凸显，如何高效地从海量数据中提取有价值的信息成为众多企业和研究机构的重要课题。在这种背景下，DeepSeek 应运而生，它是一款集成了先进深度学习技术和数据挖掘算法的工具，其目标是帮助用户在复杂的数据环境中快速找到所需的信息，洞察数据背后的潜在价值。DeepSeek 的设计理念旨在简化数据处理的流程，使用户无须具备深厚的技术背景，就能利用深度学习和数据挖掘技术进行分析。其核心算法基于最新的深度学习研究成果，可以处理各种类型的数据，包括结构化数据、非结构化数据以及图像和文本等多种格式。 DeepSeek 的主要功能包括数据预处理、模型训练、结果评估与可视化等。用户可以通过简单的界面与 API 调用，完成从数据输入到结果输出的整个过程。在支持多种数据源的同时，DeepSeek 也强调与其他数据科学工具的兼容性，使用户能够根据需要灵活选择最佳方案。随着 AI 技术的快速发展，DeepSeek 逐渐成为一个综合性的数据分析平台，广泛应用于金融、医疗、零售、制造等多个行业。它不仅能够提升数据分析的效率，还能帮助企业发现新的市场机会，优化运营决策，增强竞争力。

## 本书特点

**1. AI Agent（智能体）**

本书探索了如何快速定制用户专属的 DeepSeek 智能体。Coze 智能体平台通过与 DeepSeek 的紧密结合，为用户提供了一个直观易用的可视化工作流编辑环境，让创建个性化智能体变得前所未有的简单和高效。

**2. 全面覆盖，循序渐进**

从 DeepSeek 的基础概念到高级技术，从本地部署到云平台应用，从工具组合到项目实战，本书内容层层递进，适合不同层次的读者。

**3. 实用性强，场景丰富**

本书提供了大量实用技巧和案例，涵盖律师、医生、学生、程序员、旅行家、作者等多个职业的提问技巧，以及内容创作、教育、商业、科技等领域的应用场景。

**4. 工具组合，高效协同**

本书详细介绍了 DeepSeek 与剪映、即梦 AI、豆包等工具的协同使用方法，帮助读者快速实现短视频制作、创意内容生成等任务，提升工作效率。

**5. 实战驱动，学以致用**

通过代码解读助手、英语学习助手等项目实战，本书将理论知识转化为实际操作能力，帮助读者在实践中巩固所学内容。

**6. 技术前沿，展望未来**

本书深入探讨分布式训练、自然语言处理、计算机视觉、强化学习等 AI 前沿技术，并结合 DeepSeek 的未来发展趋势，为读者提供前瞻性视角。

**7. 图文结合，易于理解**

本书配有丰富精美的图表和示例代码，帮助读者直观理解复杂概念和技术细节，降低学习门槛。

**8. 适合多类读者**

无论是 AI 初学者、开发者、研究人员，还是企业决策者，都能从本书中找到适合自己的内容，快速掌握 DeepSeek 技术并将其应用于实际场景。

本书不仅是一本技术指南，更是一本实践手册，旨在帮助读者在 AI 时代中抓住机遇，提升竞争力。通过阅读本书，读者将全面了解 DeepSeek 的技术优势与应用价值，并掌握将其应用于工作与生活的实用技能。

## ➢ 资料获取

本书有完整的配套学习资料（PPT、代码、视频、软件安装包资源），读者可以使用手机扫描下方的二维码进行获取，若您在学习本书的过程中发现疑问或错漏之处，也可以通过扫描以下二维码与我们取得联系。

## ➢ 特别声明

在本书的编写过程中，作者主要参考了 DeepSeek 官方提供的技术文档、开发指南及相关研究资料，力求内容的准确性与实用性。然而，由于 AI 技术发展迅速且 DeepSeek 作为一个不断演进的技术平台，其功能和应用场景也在持续更新，尽管作者已竭尽所能确保内容的准确性和时效性，但仍然可能存在不足之处或与最新版本有所差异。

本书旨在为读者提供 DeepSeek 的系统性学习路径和实践指导，但部分内容可能无法完全覆盖 DeepSeek 的所有功能或最新动态。读者在实际应用中，建议结合 DeepSeek 官方文档和最新资源进行补充学习。

作者对书中可能存在的疏漏或错误深表歉意，并欢迎读者提出宝贵意见和建议。我们将持续改进内容，以便为读者提供更优质的学习体验。

胡耀文　朱钢

2025.3.1

# 目录
CONTENTS

# 第 1 章　DeepSeek 入门

随着 AI 技术的飞速发展，DeepSeek 公司作为中国 AI 企业的代表，迅速崛起并成为全球 AI 领域的焦点。DeepSeek 的爆火不仅标志着中国 AI 企业首次在北美主流市场取得压倒性优势，更预示着中国科技企业将在生成式 AI 赛道实现全面突围。随着印度等新兴市场成为 AI 普及的主战场，DeepSeek 公司的全球化战略为行业开辟了全新的增长路径。

## 1.1 初识 DeepSeek

DeepSeek 自 2024 年底推出以来，凭借其低成本、高性能的优势，迅速登顶全球 140 个市场的下载榜。2025 年 1 月，DeepSeek 在全球市场的日下载量已经超越 ChatGPT，成为全球 AI App 苹果端预估下载量第一。特别是在印度市场，DeepSeek 的下载量占据了显著位置。这些数据表明，DeepSeek 在全球范围内受到了广泛关注，尤其是在新兴市场表现出色。

### 1.1.1 什么是 DeepSeek

DeepSeek（深度求索）是由中国人工智能企业深度求索（DeepSeek Inc.）自主研发的第三代通用 AI 系统，于 2024 年底正式发布。截至 2025 年 3 月，其旗舰产品 DeepSeek-R1 代表了当前中文大模型领域的技术制高点，自推出后便受到广泛关注。DeepSeek 的官方 logo 如图 1.1 所示。

图 1.1　DeepSeek 的官方 logo

DeepSeek-R1 是基于千亿参数规模大语言模型（Large Language Models，LLM）构建的多模态智能体，不仅具备传统 AI 助手的对话功能，更在以下四个方面取得了突破性进展。

- 复杂问题处理：能够高效解决跨领域、多层次的复杂问题。
- 行业知识融合：深度融合法律、医学、工程等垂直领域的专业知识。
- 动态环境适应：能够根据用户需求和环境变化，动态调整输出内容。
- 技术架构高效：采用“云 - 边 - 端”协同架构，支持 API 接入、私有化部署与移动端 SDK 集成。日均处理请求量超过 2 亿次，服务覆盖全球 15 种语言场景。

### 1. DeepSeek-R1 的核心竞争力

相较于国际同类产品，DeepSeek-R1 的核心竞争力体现在以下三个方面。

- 知识图谱优势：融合了超 200TB 的中文专业语料，涵盖法律条文、医学文献、工程标准等垂直领域。在中文语义理解任务上的准确率达到 92.7%，较国际主流模型高出 8.3 个百分点。
- 技术创新：采用动态稀疏激活技术，推理效率较传统密集模型提升 40%。支持多模态输入与输出，能够处理文本、图像、音频等多种数据类型。
- 内容安全与合规性：内置符合中国国情的内容安全引擎，通过语义级合规检测，确保输出内容的政治正确性与文化适配性。

### 2. DeepSeek 的全球化战略

DeepSeek 的爆发式增长不仅重塑了全球 AI 应用格局，更通过以下三个方面的策略实现了全球化布局。

- 市场拓展：重点布局印度、东南亚等新兴市场，满足当地用户对低成本、高性能 AI 工具的需求。
- 多语言支持：支持 15 种语言场景，覆盖全球主要市场。
- 生态合作：与本地企业、开发者合作，推动 AI 技术在各行业的落地应用。

DeepSeek 作为中国 AI 技术的代表，凭借其强大的技术实力和全球化战略，正在重新定义 AI 行业的竞争格局。无论是技术性能、市场表现，还是内容安全与合规性，DeepSeek 都展现出了显著的优势。

### 3. DeepSeek 国际化竞争

DeepSeek 在与国际竞争对手的较量中，依托国内企业的多方面支持，展现出了强大的竞争力和发展潜力。通过与国内高科技企业的深度合作，DeepSeek 不仅加速了技术的创新与落地，还构建了完整的产业生态，为其全球化战略提供了坚实的后盾。国内多家企业宣布介入 DeepSeek，如图 1.2 所示。

国内多家企业宣布介入DeepSeek

| 医疗行业 | 智云健康 | 鹰瞳科技 | 医渡科技 | …… |
| --- | --- | --- | --- | --- |
| 金融行业 | 中信建投 | 江苏银行 | 国泰君安 | …… |
| 制造行业 | 吉利汽车 | 东风汽车 | 长城汽车 | …… |
| 教育行业 | 云学堂 | 希 沃 | 网易有道 | …… |
| 网络安全领域 | 启明星辰 | 奇安信 | 360 | …… |
| 云计算领域 | 腾讯云 | 华为云 | 阿里云 | …… |
| 芯片领域 | 摩尔线程 | 华 为 | 海光信息 | …… |

deepseek

图 1.2　国内多家企业宣布介入 DeepSeek

国内企业利用自身资源和渠道，帮助 DeepSeek 的产品和服务进入更广泛的市场，提升了其品牌影响力和市场占有率。国内相关产业链上下游企业协同合作，形成了良好的产业生态，助力 DeepSeek 在竞争中占据有利位置。

4. DeepSeek 国际化合作

DeepSeek 在国际化进程中积极开展合作，通过与全球领先的科技公司、研究机构和行业伙伴建立战略合作关系，不断拓展其技术影响力和市场覆盖范围。DeepSeek 与微软、英伟达、西门子等国际巨头在云计算、硬件加速和工业物联网等领域展开深度合作，共同推动 AI 技术在制造、医疗、金融等行业的创新应用。DeepSeek 在国外的生态合作伙伴矩阵图如图 1.3 所示。

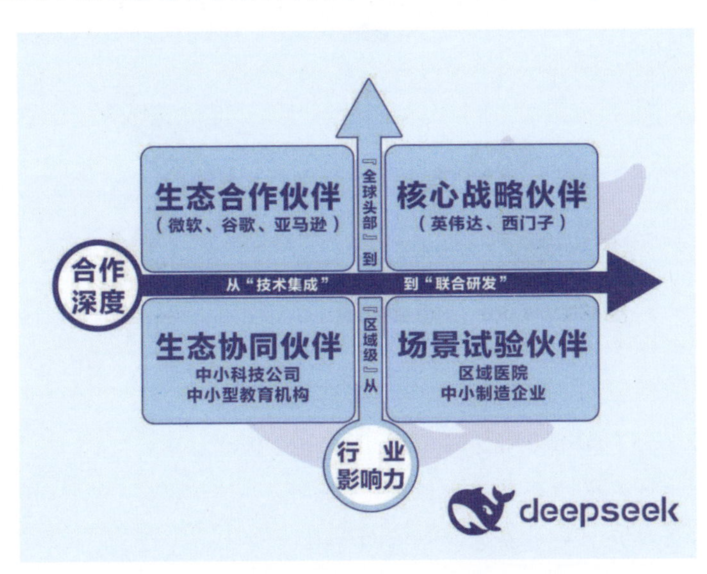


图 1.3　DeepSeek 在国外的生态合作伙伴矩阵图

此外，DeepSeek 还积极参与国际技术标准制定和行业生态建设，致力于为全球客户提供高效、智能的解决方案，助力企业实现数字化转型和智能化升级。通过国际化合作，DeepSeek 不仅提升了自身的技术实力，还为全球用户创造了更大的价值。

### 1.1.2 DeepSeek 基本使用技巧

DeepSeek 是一款功能强大的 AI 工具，用户可以通过其官网网页端或手机 App 注册账号后直接使用。本书以官方最新版 DeepSeek –V3 为例，介绍其基本的使用方法和技巧，帮助用户快速上手并高效完成任务。

首先，用户访问 DeepSeek 官网或下载手机 App，然后注册账号并登录。图 1.4 所示为 DeepSeek 启动后的功能界面。

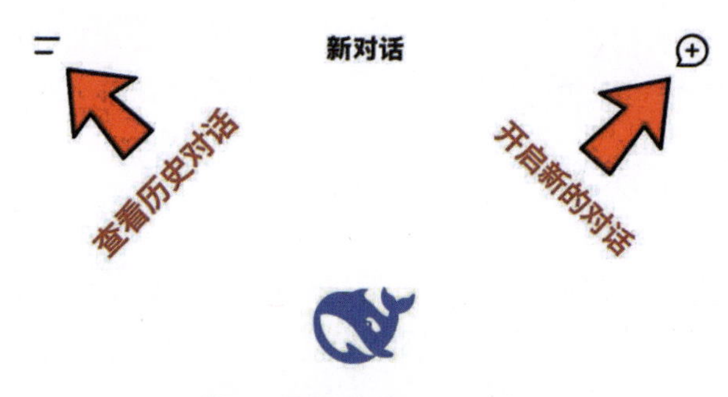


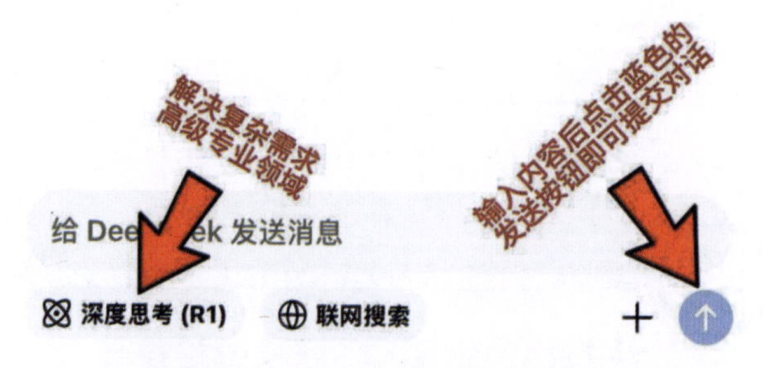


图 1.4　DeepSeek 启动后的功能界面

DeepSeek App 的功能界面包含以下四个主要功能。

- **提交对话**：发送指令并获取结果。
- **开启对话**：开启一个新的对话窗口。

- 历史对话：查看历史的对话记录。
- 深度思考：进入高级模式，处理复杂任务。

以上这些功能旨在为用户提供便捷的交互体验和智能服务。

DeepSeek确实能够显著提升人们的工作效率，帮助用户自动化处理各种烦琐任务，从而节省时间和精力，让用户专注于更有价值的工作。为了让DeepSeek更高效地完成任务，使用“身份＋任务＋细节约束＋输出格式”这一公式非常重要。这个方法可以确保用户在提问时更加明确需求，从而得到最合适的答案。

- 身份：指用户扮演的角色（如学生、程序员、电商运营等）。
- 任务：明确需要DeepSeek完成的任务（如需要写一篇技术文章）。
- 细节约束：是否有特殊要求（如字数、风格、场景等）。
- 输出格式：用户想要的结果形式（如表格、段落、总结等）。

接下来，通过一个实用例子来演示如何使用这一公式完成任务。

例如，用户是一名大三计算机系的学员，需要写一篇关于DeepSeek的500字技术文章，并且以总结的形式输出。用户只需在对话框中输入需求，如图1.5所示，然后点击右下角的蓝色发送按钮，即可得到想要的内容，如图1.6所示。

图1.5 DeepSeek功能界面输入要求

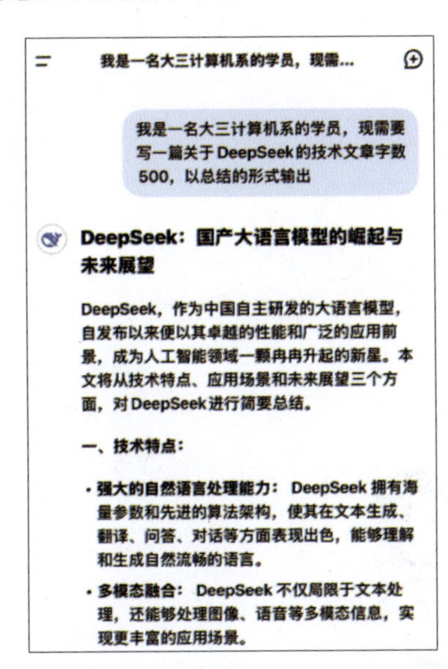


图1.6 DeepSeek给出的结果

以上就是DeepSeek的基础操作，使用起来非常简单。还在犹豫什么？赶紧动手试试吧！

## 1.2 DeepSeek 在工作生活中的实用技巧

DeepSeek 正在无时无刻改变着人们的生活和工作方式，接下来，将针对几个常见工作角色的提问技巧进行举例说明。

### 1.2.1 律师的提问技巧

律师在 DeepSeek 上提问时，通常需要获取法律条文解释、案例分析及法律建议等。因此，提问时应注重精准性和逻辑性，如图 1.7 所示。

- 明确法律领域：提问时明确涉及的法律领域，如“双方签订的此份合作是否存在漏洞？”
- 提供背景信息：简要描述案件背景，如“在合同纠纷中，甲方未履行义务，乙方如何维护自身权益？”
- 引用具体条文：如果需要解释某条法律，直接引用条文，如“《中华人民共和国民法典》第xxx条如何解释？”
- 案例参考：询问类似案例，如“有没有关于商业合同纠纷的典型案例？”
- 避免模糊提问：避免过于宽泛的问题，如“如何打官司？”应改为“在劳动仲裁中，如何证明雇主违法解除合同？”

图 1.7　律师的提问技巧

### 1.2.2 医生的提问技巧

医生在 DeepSeek 上提问时，可能涉及疾病诊断、治疗方案及医学研究等。因此，提问时应注重专业性和准确性，如图 1.8 所示。

- 描述症状与病史：提供患者的详细症状和病史，如“患者有高血压病史，近期出现胸痛，可能是什么原因？”
- 明确检查结果：附上相关检查结果，如“CT显示肺部有阴影，可能是什么疾病？”
- 询问治疗方案：针对具体疾病询问治疗建议，如“针对晚期肺癌患者，最新的靶向治疗药物有哪些？”
- 关注最新研究：询问医学研究进展，如“目前关于阿尔茨海默症的最新研究有哪些突破？”
- 避免自我诊断：不要依赖平台进行自我诊断，如“我头痛，是不是得了脑瘤？”应改为“头痛可能的原因有哪些？”

图 1.8　医生的提问技巧

### 1.2.3 学生的提问技巧

学生在 DeepSeek 上提问时，通常涉及学习问题、作业帮助及考试准备等。因此，提问时应清晰具体，如图 1.9 所示。

明确学科与知识点：提问时说明学科和具体知识点，如“高中数学中，如何求解二次函数的最值？”
提供题目细节：如果是作业问题，直接提供题目内容，如“这道物理题的解题思路是什么？（附题目）”
询问学习方法：针对学习困难提问，如“如何高效记忆英语单词？”
考试准备建议：询问备考策略，如“如何在一个月内提高雅思写作成绩？”
避免过于宽泛：不要问“怎么学好数学？”应改为“如何提高数学几何题的解题速度？”


图 1.9　学生的提问技巧

### 1.2.4 程序员的提问技巧

程序员在 DeepSeek 上提问时，通常涉及代码调试、技术方案及工具使用等。因此，提问时应注重逻辑性和可复现性，如图 1.10 所示。

描述问题背景：说明代码的用途和问题，如“我在写一个Python爬虫时，遇到了反爬虫机制，如何绕过？”
提供代码片段：附上相关代码，如“这段代码为什么会报错？（附代码）”
明确技术栈：说明使用的技术或工具，如“在React中，如何实现组件的动态加载？”
询问优化建议：针对性能问题提问，如“如何优化这个SQL查询的性能？”
避免模糊提问：不要问“我的代码有问题，怎么办？”应改为“这段代码在运行时抛出空指针异常，如何解决？”


图 1.10　程序员的提问技巧

### 1.2.5 旅行家的提问技巧

旅行家在 DeepSeek 上提问时，通常涉及旅行规划、目的地推荐及注意事项等。因此，提问时应注重细节和实用性，如图 1.11 所示。

●明确目的地：提问时说明具体地点，如“去海南旅行，有哪些必去的景点？”
●提供旅行时间：说明旅行时间，如“我计划12月去北海道，天气如何？需要注意什么？”
●询问预算建议：针对预算提问，如“在东京旅行，每天预算100美元够吗？”
●关注当地文化：询问文化习俗，如“去印度旅行，有哪些需要注意的文化禁忌？”
●避免过于宽泛：不要问“去哪里旅行好？”应改为“我喜欢小众化的美景，预算有限，有哪些合适的目的地？”


图 1.11　旅行家的提问技巧

### 1.2.6　作者的提问技巧

作者在 DeepSeek 上提问时，通常涉及写作技巧、灵感获取及出版建议等。因此，提问时应注重创意和实用性，如图 1.12 所示。

●明确写作类型：说明写作类型，如“写科幻小说时，如何构建一个合理的世界观？”
●询问写作技巧：针对具体问题提问，如“如何让对话描写更生动？”
●获取灵感建议：询问灵感来源，如“如何从日常生活中找到写作灵感？”
●出版与推广建议：针对出版提问，如“如何找到适合的出版社？自出版有哪些注意事项？”
●避免过于主观：不要问“我的小说写得好吗？”应改为“如何提高小说的情节吸引力？”


图 1.12　作者的提问技巧

### 1.2.7　DeepSeek 提问通用技巧

通过以上的举例讲解，用户在 DeepSeek 上提问时，可根据不同角色所对应的需求调整提问方式。以下是一些通用建议。

- 明确目标：清楚自己需要什么信息或解决方案。
- 提供背景：简要描述问题的背景或上下文。
- 具体清晰：避免模糊或过于宽泛的问题。
- 逻辑性强：提问时保持逻辑清晰，便于他人理解。
- 尊重平台规则：遵守平台的使用规范，避免不当内容。

通过掌握这些技巧，用户可以在 DeepSeek 上更高效地获取所需信息，解决实际问题。

## 1.3 DeepSeek结合费曼学习法

将 DeepSeek 与费曼学习法结合，可以显著提升学习效率和知识掌握程度。费曼学习法的核心是通过“以教为学”的方式，将复杂的概念简单化、清晰化。而 DeepSeek 作为一个强大的信息获取和问题解决工具，可以帮助用户在费曼学习法的每个步骤中更高效地实现目标。DeepSeek 结合费曼学习法概念图如图 1.13 所示。

图 1.13　DeepSeek 结合费曼学习法概念图

DeepSeek 结合费曼学习法流程图如图 1.14 所示。

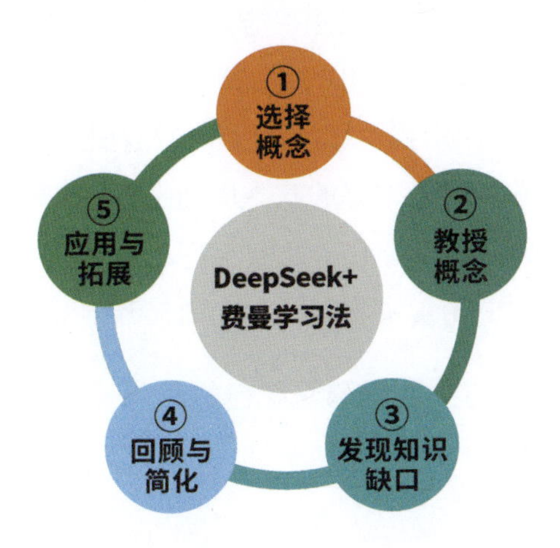


图 1.14　DeepSeek 结合费曼学习法流程图

从图 1.14 中可以看到，DeepSeek 结合费曼学习法共分为五步，具体每步的说明如下。

第一步：选择概念。例如，用户确定的学习主题为“量子力学”，可使用 DeepSeek 快速查找相关概念的定义、背景和应用场景。例如，在 DeepSeek 中搜索“量子力学的基本概念”或“量子力学的实际应用”，或提问“量子力学的核心原理是什么？”

第二步：教授概念。用自己的语言向他人（或自己）解释这个概念，确保简单易懂。在解释过程中，如果遇到不理解的部分，可以随时在 DeepSeek 中查找补充信息。例如，用户在解释“波粒二象性”时卡住了，可以在 DeepSeek 中提问“波粒二象性的具体表现是什么？”还可以使用 DeepSeek 查找类比或例子，如“有没有生活中的例子可以解释波粒二象性？”帮助简化概念。

第三步：发现知识缺口。例如，在教授过程中，用户发现自己不理解或无法解释清楚的部分，可以针对该知识缺口，直接在 DeepSeek 中提问。例如：“为什么量子纠缠不能被经典物理学解释？”用户可使用 DeepSeek 查找相关的学习资源，如文章、视频或教程，填补知识空白。提问示例：“有哪些适合初学者的量子力学学习资源？”

第四步：回顾与简化。回顾学习内容，进一步简化语言，确保概念清晰易懂。使用 DeepSeek 查找更多的简化解释或类比。例如：“如何用最简单的语言解释薛定谔方程？”通过 DeepSeek 验证自己的理解是否正确。例如：“我对量子隧穿的理解是否正确？（附上自己的解释）”提问示例：“有没有更简单的例子可以解释量子隧穿？”

第五步：应用与拓展。将学到的知识应用到实际问题中，并尝试拓展到相关领域。使用 DeepSeek 查找实际应用案例。例如：“量子力学在计算机科学中有哪些应用？”通过 DeepSeek 探索相关领域的知识。例如：“量子力学与相对论之间有什么联系？”提问示例：“量子计算的基本原理是什么？”

DeepSeek 在每个环节中提供了强大的支持，帮助用户高效学习复杂概念，填补知识缺口，并将知识应用于实际问题，全面提升学习效果与实践能力。

### 1.3.1 DeepSeek 与费曼学习法结合的优势

DeepSeek 与费曼学习法的结合能够显著提升学习效率和质量，其优势主要体现在以下几个方面。

- 高效获取信息：DeepSeek 能够快速定位并整合学习资料，帮助用户节省信息搜集时间，专注于核心内容的学习。
- 精准填补知识缺口：在费曼学习法的“识别不足”环节，DeepSeek 可快速解答用户疑惑，弥补知识盲点，确保学习过程的连贯性。
- 简化与类比支持：DeepSeek 能够提供丰富的类比和简化解释，帮助用户将复杂概念转化为易于理解的语言，从而更好地教授和巩固知识。
- 实时验证理解：通过 DeepSeek，用户能够即时验证自己对知识的掌握程度，避免误解或错误认知，确保学习效果。
- 知识拓展与应用：DeepSeek 不仅可以帮助用户掌握理论知识，还能引导其将知识应用于实际问题，并探索相关领域，实现知识的深度迁移与拓展。

这种结合不仅优化了学习流程，还为用户提供了更高效、更精准的学习支持，使费曼学习法的实践更加便捷和有效。

### 1.3.2 DeepSeek 与费曼学习法结合示例：学习“区块链技术”

以下是通过 DeepSeek 结合费曼学习法学习“区块链技术”的具体步骤。

（1）选择概念：在 DeepSeek 中搜索“区块链的基本原理”，快速获取核心概念。

（2）教授概念：尝试用自己的语言解释区块链，遇到不理解的部分（如“共识机制”），通过 DeepSeek 提问：“什么是区块链的共识机制？”

（3）发现知识缺口：当无法解释“智能合约”时，在 DeepSeek 中搜索“智能合约是如何工作的？”以填补知识空白。

（4）回顾与简化：利用 DeepSeek 查找简化解释。例如：“有没有生活中的例子可以解释区块链？”，以帮助将复杂概念通俗化。

（5）应用与拓展：在 DeepSeek 中搜索“区块链的实际应用案例”或“区块链与加密货币的关系”，将理论知识延伸到实际场景中。

通过将 DeepSeek 与费曼学习法结合，用户可以更高效地学习复杂概念，快速识别并填补知识缺口，同时将所学知识应用于实际问题。DeepSeek 在费曼学习法的每个环节中提供了强大的支持，帮助用户加速知识掌握，提升学习效果与实践能力。

## 1.4 DeepSeek 的各种应用场景

DeepSeek 作为一款先进的智能工具，其应用场景广泛且多样，能够为不同领域的用户提供高效、精准的支持。以下是 DeepSeek 的主要应用场景。

### 1.4.1 DeepSeek 内容创作

在内容创作领域，DeepSeek 已成为创作者不可或缺的智能助手。无论是撰写一篇观点鲜明的公众号文章，还是创作一首意境深远的诗歌，或者是构思一个引人入胜的故事，DeepSeek 都能提供丰富的灵感和素材支持。例如，当人们需要撰写一篇探讨科技发展对生活影响的文章时，DeepSeek 可以迅速提供相关案例、数据及观点，帮助构建文章框架并充实细节。同时，它还能根据人们的写作风格和需求，对生成内容进行优化调整，使文章更贴合预期。在诗歌创作中，DeepSeek 能够精准把握韵律与意境，为人们推荐合适的词汇与表达方式，让诗歌更具文采与感染力。许多自媒体创作者借助 DeepSeek 后，创作效率显著提升，原本需要数小时构思与撰写的内容，如今在 DeepSeek 的协助下，能够在更短时间内高效完成，且内容质量更高，吸引了更多读者的关注与喜爱。下面总结 DeepSeek 在内容创作领域的具体应用。

- 文章撰写：DeepSeek 可帮助创作者快速生成高质量的文章，提供灵感、框架和内容优化建议，适用于博客、公众号、新闻稿等。
- 诗歌与文学创作：DeepSeek 根据韵律、意境和主题可以生成诗歌或文学作品，提升创作的文采与艺术性。
- 故事构思：DeepSeek 可以为小说、剧本等提供创意灵感、情节设计和角色塑造建议。

DeepSeek 内容创作概念图如图 1.15 所示。

图 1.15　DeepSeek 内容创作概念图

### 1.4.2 DeepSeek 教育与学习

DeepSeek 在教育与学习领域展现了强大的辅助能力，成为学生、教师和研究者的智能伙伴。对于学生而言，DeepSeek 能够提供清晰的知识点解析、高效的习题解答以及个性化的学习建议，帮助学生快速掌握难点并提升学习效率。对于教师来说，它可以协助设计课程内容、生成教学材料，甚至自动批改作业，减轻教学负担。在学术研究方面，DeepSeek 能够为论文写作提供文献检索、框架搭建和语言润色服务，助力研究者更高效地完成学术成果。此外，DeepSeek 还支持多语言学习，通过翻译、语法纠正和词汇扩展等功能，帮助用户突破语言障碍。无论是课堂学习、自主学习还是学术探索，DeepSeek 都能为用户提供智能化、精准化的支持，让教育与学习变得更加高效和便捷。下面总结 DeepSeek 在教育与学习领域的具体应用。

- 学习辅助：DeepSeek 能够为学生提供知识点解析、习题解答和学习建议，帮助提高学习效率。
- 论文写作：DeepSeek 能够为学术论文提供文献检索、框架搭建和语言润色服务。
- 语言学习：DeepSeek 支持多语言翻译、语法纠正和词汇扩展，能够助力语言学习。
- 故事构思：DeepSeek 能够为小说、剧本等提供创意灵感、情节设计和角色塑造建议。

DeepSeek 教育与学习概念图如图 1.16 所示。

图 1.16　DeepSeek 教育与学习概念图

### 1.4.3 DeepSeek 商业与营销

DeepSeek 在商业与营销领域展现了卓越的价值，成为企业提升市场竞争力的智能助手。它能够生成吸引眼球的广告文案、品牌故事和营销内容，帮助企业快速抓住消费者注意力并提升品牌影响力。同时，DeepSeek 能够提供精准的市场分析和消费者洞察，通过数据驱动的行业趋势解读和竞品研究，为企业制定战略决策提供有力支持。在客户沟通方面，DeepSeek 能够优化客服话术，提升客户服务体验，增强用户黏性。无论是初创企业还是成熟品牌，DeepSeek 都能通过智能化的内容生成和数据分析，助力企业实现营销目标，推动业务增长，在激烈的市场竞争中脱颖而出。下面总结 DeepSeek 在商业与营销领域的具体应用。

- 广告文案：DeepSeek 能够生成吸引眼球的广告语、营销文案和品牌故事，提升传播效果。
- 市场分析：DeepSeek 能够提供行业趋势分析、竞品研究和消费者洞察，辅助决策制定。
- 客户沟通：DeepSeek 能够优化客服话术，提升客户服务体验。

DeepSeek 商业与营销应用概念图如图 1.17 所示。

图 1.17 DeepSeek 商业与营销应用概念图

### 1.4.4 DeepSeek 科技与研发

DeepSeek 在科技与研发领域展现了强大的技术实力，成为开发者和研究人员的智能伙伴。它能够为程序员生成高质量的代码片段，提供算法优化建议和错误修复方案，显著提升开发效率。同时，DeepSeek 能够支持自动生成清晰、规范的技术文档，帮助团队更好地记录和分享项目进展。在数据分析方面，DeepSeek 能够快速处理海量数据，生成可视化报告和深度洞察，为科研和决策提供可靠依据。无论是软件开发、技术研究还是数据科学，DeepSeek 都能通过智能化的工具和服务，助力科技与研发团队突破创新瓶颈，加速技术成果的落地与应用。下面总结 DeepSeek 在科技与研发领域的具体应用。

- 代码生成：DeepSeek 能够为开发者提供代码片段、算法优化建议和错误修复方案。
- 技术文档生成：DeepSeek 能够自动生成清晰、规范的技术文档，节省编写时间。
- 数据分析：DeepSeek 能够协助处理和分析数据，生成可视化报告和洞察结论。

DeepSeek 科技与研发概念图如图 1.18 所示。

图 1.18　DeepSeek 科技与研发概念图

### 1.4.5　DeepSeek 媒体与娱乐

DeepSeek 在媒体与娱乐领域展现了强大的创意支持能力，成为内容创作者和娱乐从业者的得力助手。它能够为短视频、电影或纪录片生成引人入胜的脚本创意，优化叙事结构和角色对话，让内容更具吸引力。在社交媒体运营中，DeepSeek 可以快速生成适合平台的短文案、话题标签和互动内容，帮助品牌提升用户参与度和传播效果。此外，DeepSeek 还能够为游戏设计提供剧情构思、任务设计和角色对话支持，助力打造沉浸式的游戏体验。无论是内容创作、社交运营还是娱乐产品开发，DeepSeek 都能通过智能化的创意生成和内容优化，帮助从业者高效产出高质量作品，吸引更多观众和用户。下面总结 DeepSeek 在媒体与娱乐领域的具体应用。

- 视频脚本：DeepSeek 能够为短视频、电影或纪录片提供脚本创意和内容优化。
- 社交媒体：DeepSeek 能够生成适合社交平台的短文案、话题标签和互动内容。
- 游戏设计：DeepSeek 能够为游戏剧情、角色对话和任务设计提供创意支持。

DeepSeek 媒体与娱乐概念图如图 1.19 所示。

图 1.19　DeepSeek 媒体与娱乐概念图

### 1.4.6　DeepSeek 个人生活

DeepSeek 在个人生活领域展现了贴心的智能化服务，成为用户日常生活的得力助手。它能够帮助用户高效规划日程，生成提醒和待办事项，让时间管理更加井井有条。对于旅行爱好者，DeepSeek 可以提供个性化的旅行路线、景点推荐和行程安排建议，让每一次出行都充满乐趣。此外，DeepSeek 还能解答生活中的常见问题，提供健康建议、实用技巧和即时信息查询服务，满足用户的多样化需求。无论是管理日常事务、规划休闲活动，还是解决生活小困惑，DeepSeek 都能通过智能化的支持，让个人生活变得更加便捷、高效和愉悦。下面总结 DeepSeek 在个人生活领域的具体应用。

- 日程管理：DeepSeek 能够帮助规划日程、生成提醒和待办事项。
- 旅行规划：DeepSeek 能够提供旅行路线、景点推荐和行程安排建议。
- 日常咨询：DeepSeek 能够解答生活常识、健康建议和实用技巧。

DeepSeek 个人生活概念图如图 1.20 所示。

图 1.20　DeepSeek 个人生活概念图

### 1.4.7　DeepSeek 跨领域协作

DeepSeek 致力于推动跨领域协作，通过整合不同学科的专业知识与技术，解决复杂问题并推动创新。DeepSeek 能够与学术界、产业界及研究机构紧密合作，打破领域壁垒，促进知识共享与技术融合。无论是 AI、医疗健康、金融科技，还是能源与环境保护，DeepSeek 都能够通过跨领域协作，探索前沿技术应用，为社会创造更大价值。我们相信，只有通过开放合作，才能加速科技进步，应对全球性挑战。下面总结 DeepSeek 在跨领域协作中的具体应用。

- 多语言支持：DeepSeek 能够为跨国团队提供实时翻译和多语言文档生成服务。
- 创意头脑风暴：DeepSeek 能够在团队协作中提供创意灵感和解决问题的方案。

DeepSeek 跨领域协作概念图如图 1.21 所示。

图 1.21　DeepSeek 跨领域协作概念图

## 1.5 本章小结

本章旨在帮助读者全面了解 DeepSeek 的基本概念、使用技巧及其在工作生活中的广泛应用。通过结合具体案例和实际场景，读者将掌握如何高效利用 DeepSeek 提升学习、工作和生活的效率。通过本章的学习，读者将全面掌握 DeepSeek 的核心功能和使用技巧，并能够将其灵活应用于工作、学习和生活的各个方面，充分发挥其作为智能助手的潜力。

# 第 2 章　DeepSeek 与高效工具组合应用

DeepSeek 作为一款强大的 AI 工具，能够与多种创意和生产力工具结合，帮助用户高效完成任务。本章将详细介绍 DeepSeek 与剪映、即梦 AI 、豆包等工具的协作方法，并通过实战案例展示如何快速实现目标。

## 2.1　DeepSeek + 剪映（短视频与数字人创作）

在数字化时代，视频内容创作已成为个人表达和商业传播的重要方式。无论是制作逼真的数字人视频，还是记录精彩的旅行瞬间，DeepSeek 与剪映的结合都能为用户提供高效、便捷的解决方案，让创意轻松落地。接下来，将详细介绍如何利用 DeepSeek 和剪映快速制作短视频及数字人视频，帮助用户轻松掌握这一高效工具组合。

### 2.1.1　DeepSeek + 剪映（快速实现短视频制作）

短视频制作一直是许多用户面临的难题，而 DeepSeek + 剪映的组合可以快速实现短视频制作，大幅降低制作门槛。接下来，将分步介绍如何使用这两个工具快速生成短视频。

首先，使用 DeepSeek 生成短视频文案。打开 DeepSeek 并启动，在输入框中输入“帮我写 5 条关于旅行感受的文案标题”，生成标题如图 2.1 所示。

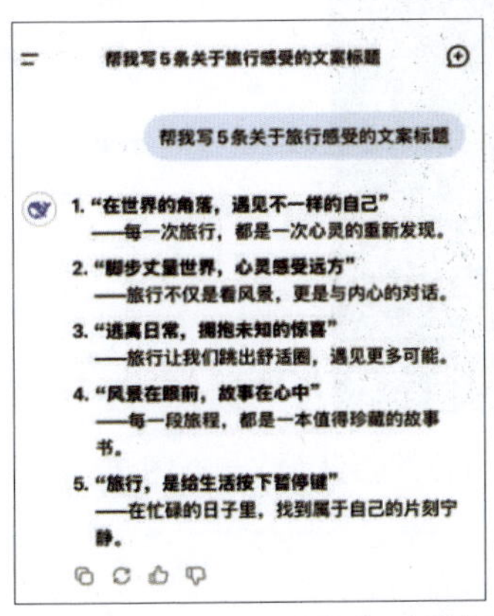


图 2.1　DeepSeek 生成旅行感受标题

从生成的标题中选择一条满意的标题（如第 2 条），然后在 DeepSeek 输入框中继续输入“根据第 2 条标题，生成短视频文案”，生成短视频文案如图 2.2 所示。

短视频文案生成后，接着打开剪映 App 并启动，在剪映 App 首页点击【AI 图文成片】选项，如图 2.3 所示。

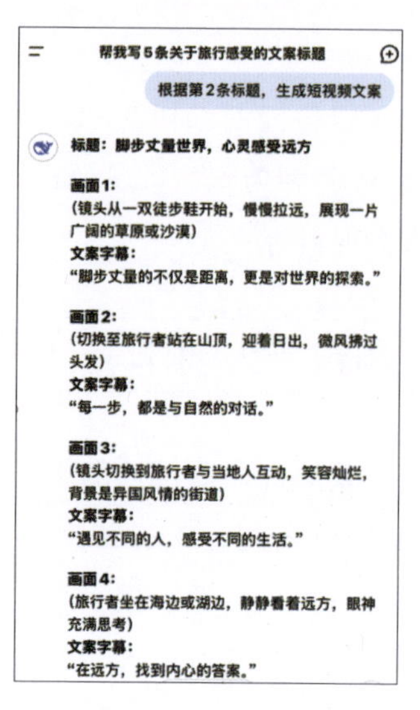


图 2.2　DeepSeek 生成短视频文案

图 2.3　剪映首页功能界面

进入 AI 图文成片功能界面，选择【图文成片】选项，如图 2.4 所示。点击【图文成片】选项后会弹出一个新的功能界面，如图 2.5 所示。

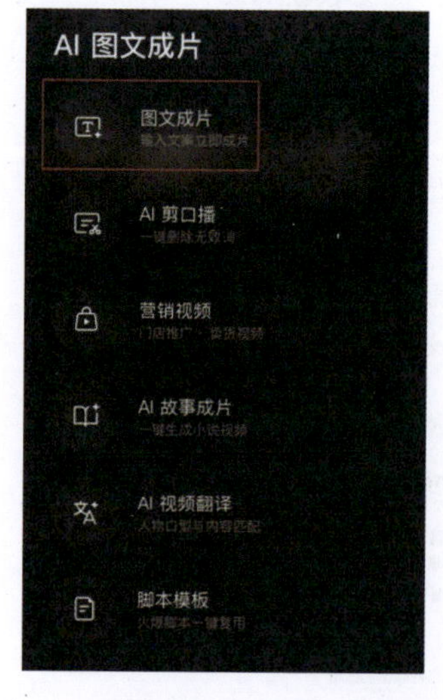


图 2.4　剪映 AI 图文成片功能界面

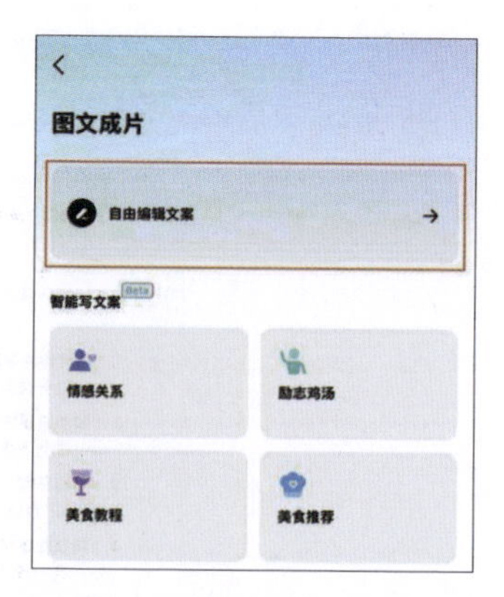


图 2.5　剪映图文成片功能界面

然后选择【自由编辑文案】选项，在输入框中粘贴在 DeepSeek 中生成的内容，点击右上角的【应用】选项，如图 2.6 所示

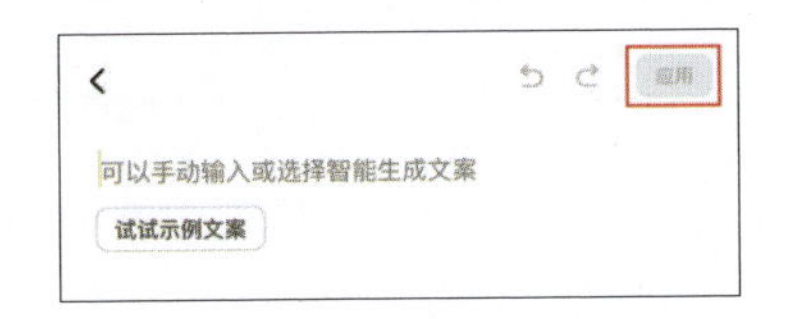


图 2.6　剪映图文成片输入框界面

完成文案输入并提交，进入选择素材的功能界面，如图 2.7 所示。

图 2.7 中共有 3 个功能选项，如果用户没有指定的素材，那么选择【智能匹配素材】选项。如果用户想上传自己的素材，那么选择【使用本地素材】选项。这里选择【智能匹配素材】选项，点击后等待视频生成即可，短视频预览界面如图 2.8 所示。

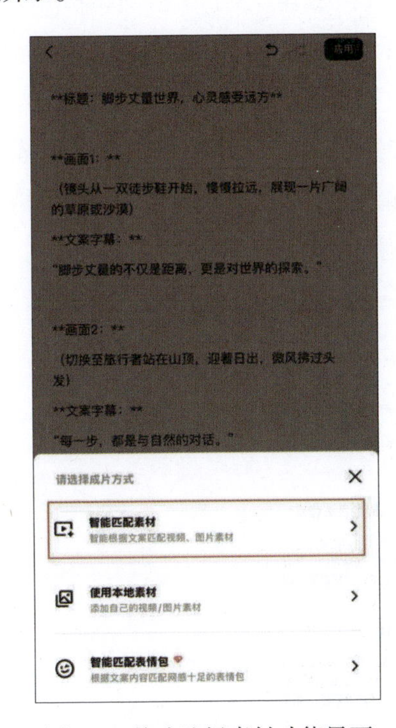


图 2.7　剪映选择素材功能界面

图 2.8　剪映生成的短视频预览界面

接着，用户可以进行视频预览，查看生成的短视频内容是否符合预期。用户也可以根据自己的喜好调整字幕样式、字体和颜色，或添加背景音乐或音效，还可以使用剪映的滤镜和特效功能来提升视频质感。

**注意事项**

文案优化：如果用户对 DeepSeek 生成的文案不满意，可以多次调整指令，如“生成更简短的文案”或“生成更幽默的文案”。

视频长度控制：在剪映中，用户可以通过裁剪片段或调整播放速度，控制视频长度。

通过 DeepSeek + 剪映的组合，用户可以快速生成高质量的短视频。无论是用于社交媒体分享还是商业宣传，这一方法都能大幅提升效率，降低制作成本。

### 2.1.2 DeepSeek + 剪映（快速实现数字人带货）

数字人带货在各直播平台上非常流行，数字人可以 24 小时不间断地向客户讲解商品信息，极大地提高了直播效率。接下来，将详细介绍如何利用 DeepSeek 和剪映快速创作数字人视频。

首先，打开 DeepSeek，输入需要的文案要求。例如，用户需要生成一个卖橙子的数字人视频，可以在 DeepSeek 中输入“写一份卖橙子的口播文档，内容要求 500 字，产地湖南，售价 5 元 1 斤，感兴趣的朋友可以直接拍下，24 小时内发货。”接下来，DeepSeek 会生成一段适合口播的文案，如图 2.9 所示。

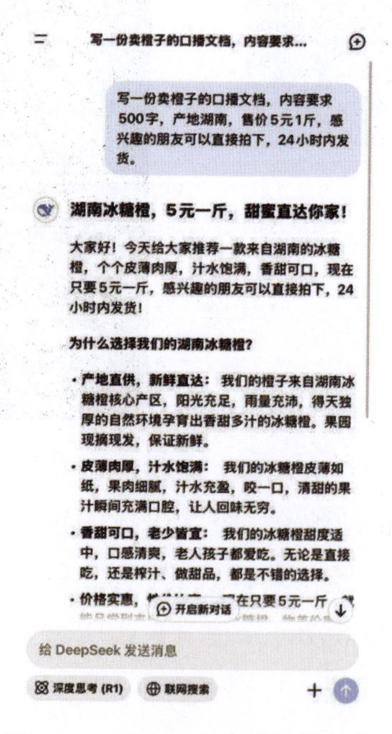


图 2.9　DeepSeek 生成口播文案

口播文案生成之后，打开剪映 App 并启动，在剪映 App 首页点击【数字人】选项，如图 2.10 所示。

图 2.10　剪映首页功能界面

进入选择素材的功能界面，选择【素材库】选项，接着选择【背景】选项，并在输入框中输入“橙子园”，如图 2.11 所示。

接着，会出现橙子园背景的素材，再选择合适的橙子园背景视频，如图 2.12 所示。

图 2.11　剪映数字人功能界面

图 2.12　剪映数字人挑选背景

在背景选择完成后，进入数字人形象选择界面，根据用户个人的喜好，选择合适的数字人形象，如图 2.13 所示。

选择数字人形象后，点击【下一步】按钮，在弹出的文案输入框中，将之前在 DeepSeek 生成的口播文案粘贴进去，此时用户还可根据个人喜好，选择合适的配音风格和音色，如图 2.14 所示。

图 2.13　剪映数字人形象挑选界面

图 2.14　剪映数字人口播内容界面

在数字人创建成功后，进入预览界面，如图 2.15 所示。

图 2.15　剪映数字人预览界面

用户可在当前界面继续编辑内容，编辑完成后点击【导出】按钮，即可导出视频，将视频上传到直播平台或社交媒体，即可实现数字人直播带货。使用剪映的数字人功能，直播平台可能会收取一定的费用，用户可以根据自身需求进行评估。

## 2.2 DeepSeek + 即梦 AI（战斗场景与住宅设计）

借助 DeepSeek + 即梦 AI 的强大组合，用户可以快速实现高质量的特效战斗场景和住宅设计。无论是游戏开发中的震撼战斗画面，还是建筑领域的住宅设计预览，这一组合都能快速生成逼真且富有创意的视觉效果，大幅提升工作效率，降低创作门槛。通过简单的操作，用户即可将想象变为现实，体验 AI 技术带来的无限可能。

### 2.2.1 DeepSeek + 即梦 AI（快速实现战斗场景）

即梦 AI 是字节跳动旗下的深圳市脸萌科技有限公司开发的一款产品，它深度融合了 AI 绘画、视频生成与智能交互技术，旨在帮助用户将抽象创意转化为可视化成果。系统通过自然语言理解用户意图，结合多模态生成能力，在家庭亲子互动、艺术创作、教育实践等场景中提供从脑洞激发到方案落地的完整支持。

DeepSeek + 即梦 AI 的组合，可以帮助用户快速实现复杂的特效场景创作。接下来，以“哪吒和孙悟空打斗”的场景为例，演示如何在 10 秒内生成特效战斗视频。

首先，使用 DeepSeek 生成打斗细节文案，打开 DeepSeek 并输入“我需要做一个视频，主题：哪吒和孙悟空打斗的场景，帮我继续完善细节和提示，时长 10 秒。”生成文档如图 2.16 所示。

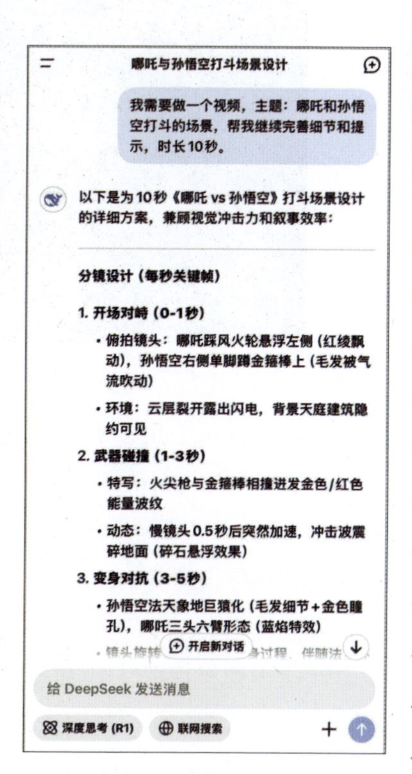


图 2.16 DeepSeek 生成文档

然后，打开即梦 AI，在即梦 AI 的功能界面找到【视频生成】选项，如图 2.17 所示。

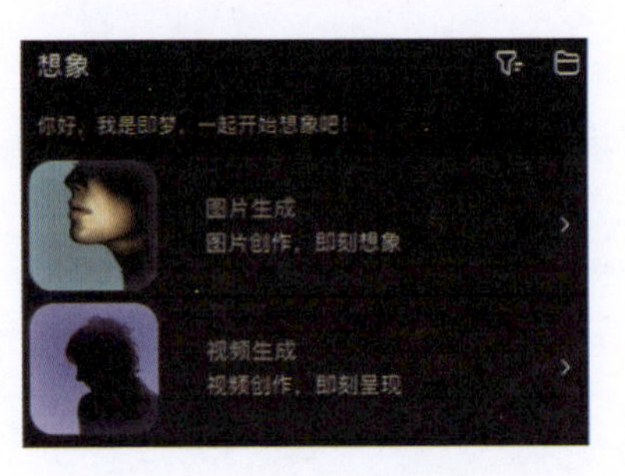


图 2.17　即梦 AI 功能界面

接着，点击【视频生成】选项，弹出文字输入框，将在 DeepSeek 中生成的文字粘贴到输入框，如图 2.18 所示。

文字输入完成后，点击右下角的【生成】按钮，系统根据文案自动生成视频，如图 2.19 所示。

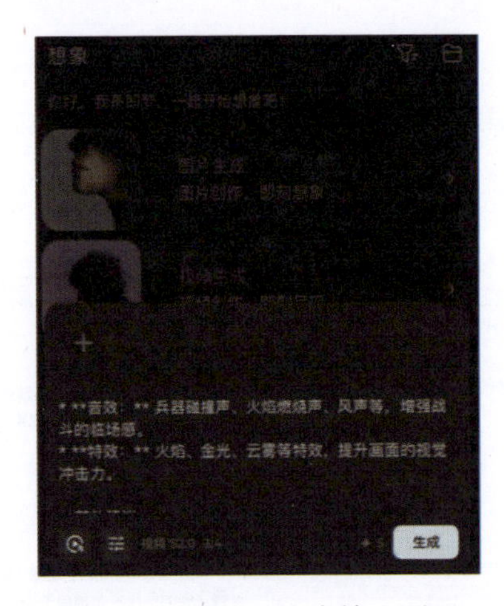


图 2.18　即梦 AI 文字输入页面

图 2.19　即梦 AI 生成的效果

用户可以预览生成的效果，检查是否符合预期，如果对生成的视频不满意，可以在即梦 AI 中手动调整视频参数，如特效强度、画面色调等。用户也可以返回 DeepSeek 继续调整文案细节，如增加动作描述、调整场景氛围等，然后重新生成文案并导入即梦 AI。

以上就是 DeepSeek 结合即梦 AI 的基本用法，人们在日常生活中读的科技小说、武侠小说里面的人物和场景，都可以按照此方法尝试生成。随着 AI 技术的进步，即梦 AI 的视觉生成能力将更加成熟，用户可以通过简单的文字描述生成复杂场景，极大提升创意实现的效率。

## 2.2.2 DeepSeek + 即梦 AI（快速实现住宅设计）

借助 DeepSeek + 即梦 AI，用户可以快速实现住宅设计。

首先，打开 DeepSeek，在功能界面的右下角点击【+】选项，如图 2.20 所示。

然后，会出现上传图片或文件的功能界面，这里点击【文件】选项，如图 2.21 所示。

图 2.20　DeepSeek 功能界面

图 2.21　DeepSeek 上传图片或文件的功能界面

从手机中选择房屋的户型图照片并上传，如图 2.22 所示。

户型图上传成功后，在输入框中输入详细的装修需求，如“设计风格北欧风，预算范围 30 万，所在城市武汉，材料用环保材料，设施包含：地暖和中央空调，户型图已上传附件中。”如图 2.23 所示。

图 2.22　DeepSeek 上传图片成功

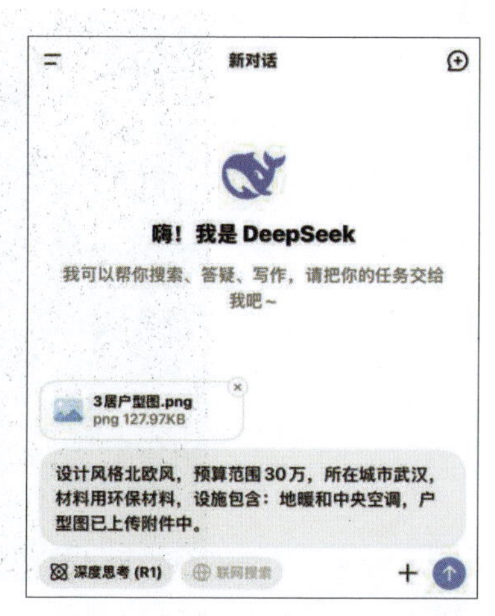


图 2.23　在 DeepSeek 中输入装修需求

完成需求输入并提交，DeepSeek 很快就给出了具体的装修方案，如图 2.24 所示。

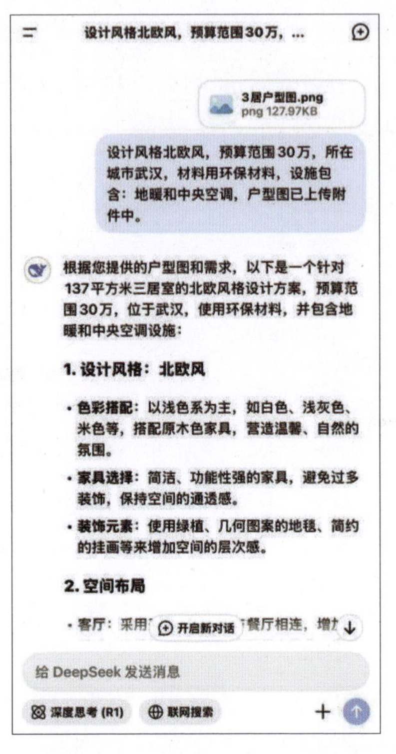


图 2.24　DeepSeek 生成的装修方案

接着，打开即梦 AI，在即梦 AI 功能界面中找到【图片生成】选项，然后将在 DeepSeek 中生成的文字版装修方案粘贴到即梦 AI 的输入框中，如图 2.25 所示。

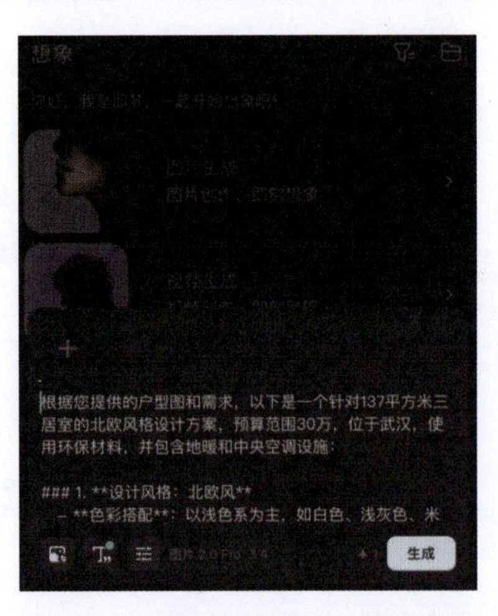


图 2.25　在即梦 AI 中输入装修方案

点击【生成】按钮，等待片刻，即梦 AI 会根据文案生成高清装修效果图，如图 2.26 所示。

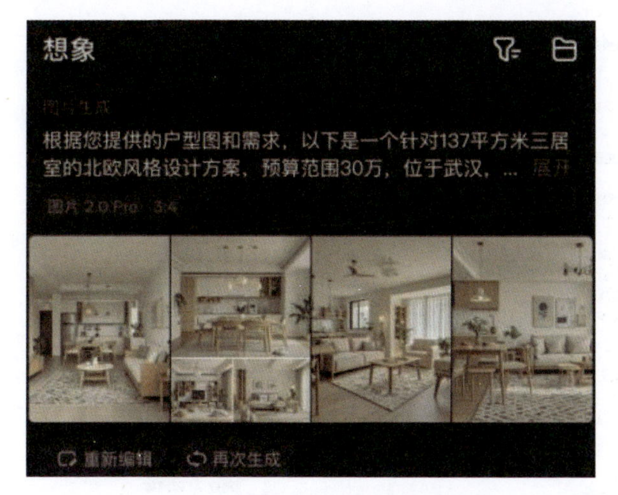


图 2.26　即梦 AI 生成的装修效果图

以上就是 DeepSeek + 即梦 AI 实现住宅设计方案的方法，如果生成的效果图不符合预期，用户可以返回 DeepSeek 调整装修需求，如更改设计风格、调整预算等，再重新生成文案并导入即梦 AI。在即梦 AI 中，用户还可以手动调整效果图的细节，如颜色、材质、灯光等。

通过 DeepSeek + 即梦 AI 的智能组合，用户可以快速生成住宅设计方案，体验 AI 技术带来的便捷与高效。无论是设计风格、预算分配，还是材料选择，AI 技术都能根据用户的需求提供个性化方案，让装修变得更简单、更智能。

## 2.3 DeepSeek + 豆包（创意内容生成）

通过 DeepSeek + 豆包的强强联合，用户可以快速完成音乐创作和海报设计。无论是为视频配乐、创作原创歌曲，还是为活动设计精美的宣传海报，这一组合都能快速生成高质量的作品，大幅提升创作效率。借助 AI 技术的强大能力，用户无需专业技能即可将创意变为现实，享受高效、便捷的创作体验。

### 2.3.1 DeepSeek + 豆包（快速实现音乐创作）

无论是为场景创作主题曲，还是为生活谱写旋律，借助 DeepSeek + 豆包，用户都能快速实现。

首先，打开 DeepSeek，在输入框中输入“根据哪吒大战龙王的场景写一份歌词”，如图 2.27 所示。

歌词生成后，打开豆包，选择【音乐生成】选项，如图 2.28 所示。

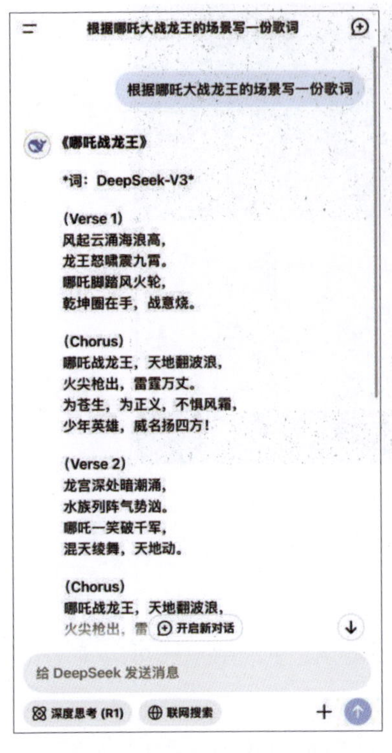


图 2.27　DeepSeek 生成歌词的界面

图 2.28　豆包的音乐生成功能界面

点击后弹出输入框界面，在输入框中粘贴在 DeepSeek 中生成的歌词，此时用户还可以根据需求选择流行、氛围、人声、时长的功能，如图 2.29 所示。

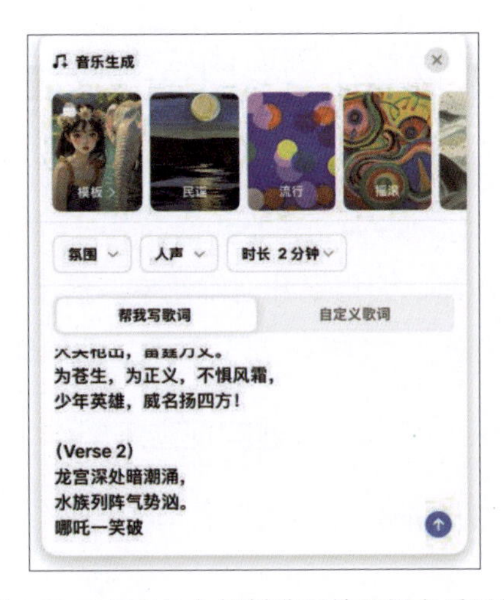


图 2.29　在豆包中复制歌词并选择音乐风格

确认需求后，点击界面右下角的蓝色发送按钮即可完成音乐创作。音乐生成结果如图 2.30 所示。

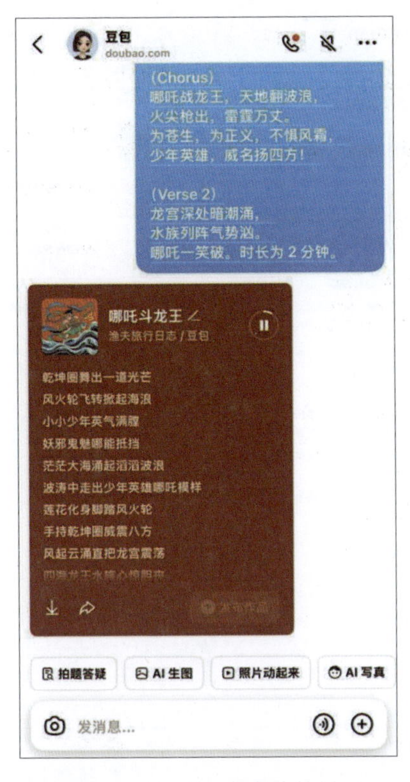


图 2.30　音乐生成成功的界面

通过 DeepSeek + 豆包的强强联合，用户可以快速实现音乐创作，体验 AI 技术带来的便捷与高效。无论是歌词生成还是音乐制作，AI 技术都能根据用户的需求提供个性化方案，让音乐创作变得更简单、更智能。

### 2.3.2　DeepSeek + 豆包（快速实现海报制作）

无论是为电影创作海报还是创作商业宣传海报，借助 DeepSeek + 豆包，用户都可以快速实现。

首先，打开 DeepSeek，在输入框中输入“帮我写一份专业 AI 生图提示词，围绕电影哪吒 2，制作一份海报”，生成的海报提示词如图 2.31 所示。

生成海报提示词后，打开豆包，找到【AI 生图】选项，如图 2.32 所示。

点击后弹出输入框界面，在输入框中粘贴在 DeepSeek 中生成的海报提示词，此时，用户可以根据需求选择图片比例、扩图、变清晰等功能，如图 2.33 所示。

确认需求后，点击界面右下角的蓝色发送按钮，系统将自动生成海报。最终生成的海报如图 2.34 所示。

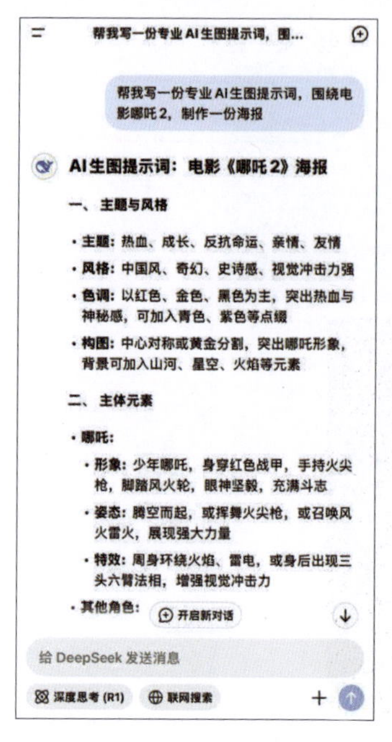


图 2.31　DeepSeek 生成海报提示词

图 2.32　豆包功能界面

图 2.33　豆包中设置图片参数

图 2.34　海报制作完成

通过 DeepSeek + 豆包的高效协同，用户可以快速实现海报创作，体验 AI 技术带来的便捷与高效。无论是文字生成还是海报制作，AI 技术都能根据用户的需求提供个性化方案，让海报创作变得更简单、更智能。

## 2.4 本章小结

本章深入探讨了 DeepSeek 与多种高效工具的组合应用，展示了如何通过 AI 技术大幅提升创作效率并降低使用门槛，并详细介绍了 DeepSeek 与不同工具结合后的多样化应用场景，帮助用户快速实现创意落地。无论是个人创作者还是企业开发者，都能从中找到适合自己的高效解决方案。

# 第 3 章　DeepSeek 本地部署与项目实战

在数据隐私保护越发重要的今天，开发者迫切需要摆脱对云端服务的依赖，构建更加安全可控的开发环境。本章将详细介绍如何在本地环境中搭建 DeepSeek 智能平台，并与 CodeGPT 插件深度集成，从而构建一个完全自主可控的 AI 辅助开发体系。最后，通过一个完整的本地化项目实战：代码解读助手，演示如何将这一体系应用于实际开发场景。通过本地部署，开发者不仅能够确保数据安全，还能构建高效、灵活的 AI 开发环境，显著提升开发效率和代码质量，为个性化开发需求提供强有力的支持。

## 3.1　DeepSeek 本地部署

接下来，将为读者详细介绍如何实现 DeepSeek 的本地部署。首先，介绍如何安装 Ollama，这是部署 DeepSeek 模型的基础环境。其次，详细说明如何部署 DeepSeek 模型，确保其能够在本地环境中正常运行。再次，介绍如何部署与配置 Open WebUI，以便用户能够通过友好的界面与模型进行交互。此外，介绍如何集成 CodeGPT 插件，以便开发者提升开发效率。最后，将通过一个本地部署的案例验证整个流程的正确性和有效性，确保读者能够顺利完成 DeepSeek 的本地部署。

### 3.1.1　安装 Ollama

要在本地部署 DeepSeek 模型，首先需要安装 Ollama。Ollama 是一款开源工具，能够在个人电脑、工作站或服务器等本地设备上快速部署，并支持运行多种大语言模型，包括 Llama 3.3、DeepSeek-R1、Phi-4、Mistral 和 Gemma 2 等。该工具通过简化的安装流程、自动硬件优化（支持 CPU/GPU 混合加速）以及 4-bit 量化技术，使用户无须依赖云端即可安全地使用 AI 模型。Ollama 适用于多种场景，如内容生成和代码开发等。

首先，打开 Ollama 官方网站，在主页上单击【Download】按钮，用户可以根据自己的操作系统选择相应的安装包进行下载，或者扫描本书提供的资源二维码获取与本书配套的安装包。以 Windows 系统为例，下载完成后，双击 OllamaSetup.exe 安装文件，接着单击【Install】按钮开始安装，如图 3.1 所示。安装过程简洁快捷，无须进行额外的配置或操作，稍等片刻即可完成安装。

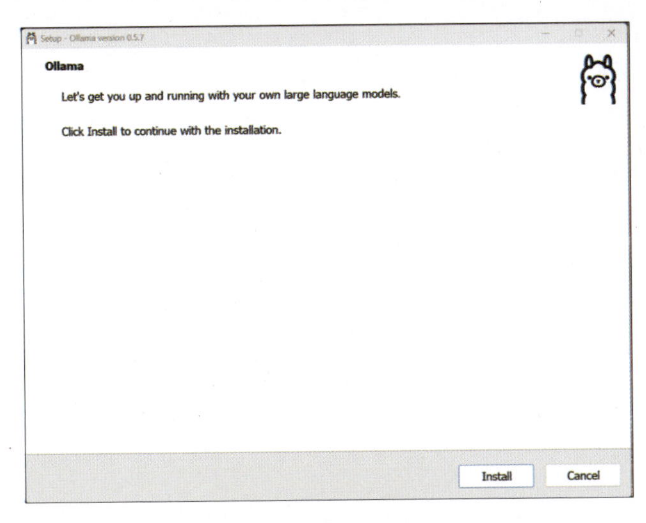


图 3.1　安装 Ollama

Ollama 安装完成后，为了确认其是否成功部署，需要进行安装验证。首先，打开系统终端程序，不同系统的终端打开方式如下。

- **Windows 系统：**按下 Win + R 快捷键，打开“运行”窗口，输入 PowerShell 或 cmd，然后按回车键。
- **macOS 系统：**按下 Command + 空格键，打开 Spotlight 搜索，输入 Terminal，然后按回车键。
- **Linux 系统：**按下 Ctrl + Alt + T 快捷键直接打开终端。

打开 Windows 系统终端后，输入并执行指令“ollama --version”，以查询版本信息。如果终端显示 Ollama 的版本号（例如：ollama version is ××.××.××），则说明 Ollama 已成功安装到当前系统中。具体效果如图 3.2 所示。

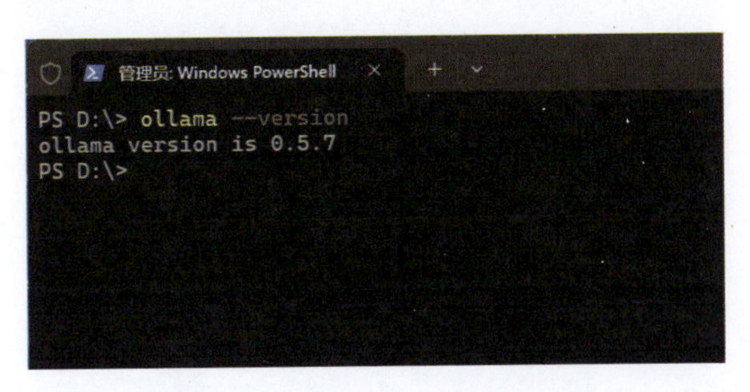


图 3.2　验证 Ollama 是否安装成功

需要特别注意的是，启动服务的终端窗口必须始终保持运行状态。如果关闭终端窗口或终止进程，服务将会中断。对于短期的开发测试场景，用户可以通过保持终端窗口在前台运行来维持服务的正常运行。然而，如果需要实现全天候持续运行（例如，在生产环境中部署），则建议采用系统级的服务管理方案。具体方法如下。

- **Windows 系统：** 建议使用 NSSM（Non-Sucking Service Manager）将服务注册为系统服务。NSSM 是一个轻量级的工具，能够方便地将任意可执行文件配置为 Windows 服务，并管理其运行状态。
- **macOS 系统：** 可以使用 Launchd 配置后台服务，将服务注册为守护进程，从而实现全天候运行和开机自启动。
- **Linux 系统：** 可以通过 Systemd 创建守护进程，将服务配置为系统服务，以确保其在后台持续运行，并在系统重启后自动启动。

**补充说明：**

在配置系统级服务时，务必确保服务的日志输出和错误处理机制完善，以便在服务出现问题时能够及时排查和修复。对于生产环境，建议在部署前进行充分测试，确保服务在后台运行时能够稳定工作。

通过以上方法，可以有效避免因终端窗口关闭而导致的服务中断问题，并确保服务在不同操作系统环境中实现全天候稳定运行。

### 3.1.2 部署 DeepSeek 模型

Ollama 平台对 DeepSeek 系列模型的广泛兼容性，为用户提供了硬件配置的多样化选择。模型的参数规模以“B”为单位，代表十亿级参数，这直接影响模型的复杂度和硬件需求。以个人电脑为例，如果用户使用的是主流消费级显卡，建议选择 DeepSeek-R1 的 7B 或 8B 模型。这些中等规模的模型能够在单显卡环境下流畅运行，适合日常对话、代码生成等任务。对于配备多显卡的工作站或高性能计算设备的用户，则推荐使用 DeepSeek-R1 14B 或参数数量更多的模型。这类大规模模型需要更高的显存支持，能够显著提升复杂任务的处理能力，尤其在长文本推理和多轮对话的上下文维护方面表现更为出色。

然而，不建议选择 DeepSeek-R1 1.3B 模型。尽管其体积小巧且显存占用较低，但其知识密度和逻辑连贯性存在明显不足。该模型仅适用于快速验证基础功能或教学演示场景，在实际应用中可能会出现事实性错误率高、长文本理解偏差等问题。对于长期使用 DeepSeek 模型的用户，建议至少选择 DeepSeek-R1 7B 模型，以确保模型的可用性。此外，通过量化技术（如 4-bit 量化）可以在保持 80% 以上性能的同时，降低 30% 的显存消耗，进一步提升运行效率。

打开 Windows 系统终端，输入并执行指令“ollama run deepseek-r1:7b”后，系统将自动从 Ollama 模型库拉取约 4.7GB 的模型文件。当 Windows 系统终端中显示“success”提示时，表明模型已成功加载至内存。此时可输入“你好，请自我介绍”等测试语句，观察模型生成的中文回复质量，如图 3.3 所示。

```
管理员: Windows PowerShell
PS D:\> ollama run deepseek-r1:7b
pulling manifest
pulling 96c415656d37... 100%                    4.7 GB
pulling 369ca498f347... 100%                    387 B
pulling 6e4c38e1172f... 100%                    1.1 KB
pulling f4d24e9138dd... 100%                    148 B
pulling 40fb844194b2... 100%                    487 B
verifying sha256 digest
writing manifest
success
>>> 你好，请自我介绍
<think>

</think>

您好！我是由中国的深度求索（DeepSeek）公司开发的智能助手DeepSeek-R1。如您有任何任何问题，我会尽我所能为您提供帮助。

>>> Send a message (/? for help)
```

图 3.3　安装 DeepSeek-R1 7B 模型

接着，打开 Windows 系统终端程序，输入并执行指令“ollama list”，此时若 Windows 系统终端显示的模型列表中包含“deepseek-r1:7b”，则表明该模型已成功加载至本地运行环境，如图 3.4 所示。

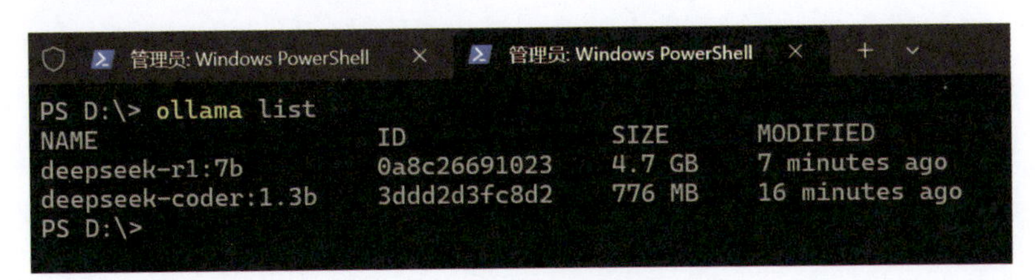


图 3.4　Ollama 已部署模型列表

从图 3.4 中可以看到，模型已成功加载到本地运行环境中。接下来，介绍 Open WebUI 的部署与配置。

### 3.1.3 部署与配置 Open WebUI

除了通过部署 Open WebUI 与 DeepSeek 模型进行交互外，Anything LLM 也是一个可行的替代方案，用户可根据具体需求场景进行权衡和选择。对于需要深度定制化的用户，Anything LLM 提供了更强大的功能支持，特别是在需要实现 LLM 私有化部署、集成自定义本地知识库以及对系统功能扩展性有较高要求的场景中更具优势，但需要注意的是，Anything LLM 对硬件配置要求较高，需要强大的计算资源支持。相比之下，Open WebUI 则更适合追求快速部署和简洁易用前端界面、主要依赖第三方网络知识库、对系统资源占用要求较低，以及需要快速搭建原型或进行功能验证的场景。用户可根据实际需求中的性能要求、功能复杂度、部署周期等因素，在两者之间做出合适的选择。对于大多数常规应用场景，Open WebUI 因其部署便捷性和资源友好性，往往是更优的选择方案。

Open WebUI 作为完全开源项目，一直严格遵循 AGPLv3 许可协议，用户可通过 GitHub 获取完整源代码，这既保障了技术透明度，也为企业级用户提供了私有化部署的可能性。在功能扩展性方面，平台采用模块化架构设计，支持通过插件系统集成自定义功能模块，如本地知识库接入、第三方 API 调用等。特别值得关注的是其多模型管理功能，用户可同时配置多个模型终端，实现不同规模模型的快速切换对比，配合交互式对比分析面板，显著提升模型选型效率。对于开发者和研究人员，系统还提供了完整的 API 调试套件和请求日志追踪功能，便于进行模型性能分析和调用优化。

接下来，将详细介绍如何在本地环境中部署 Open WebUI。在开始部署之前，用户需要确保本地计算机已正确安装并配置好 Docker 容器化平台。Open WebUI 官方强烈推荐采用 Docker 作为标准化的部署方案，这主要得益于 Docker 技术带来的多重优势，采用 Docker 部署方案不仅能够简化 Open WebUI 的安装流程，还能提高系统的可维护性和可移植性，是本地环境部署的首选方案。

读者可以从 Docker 官方网站下载最新版本的 Docker 容器化平台，或者扫描本书提供的资源二维码获取与本书配套的安装包。下载完成后，打开 Docker 安装包，单击【OK】按钮开始安装，如图 3.5 所示。

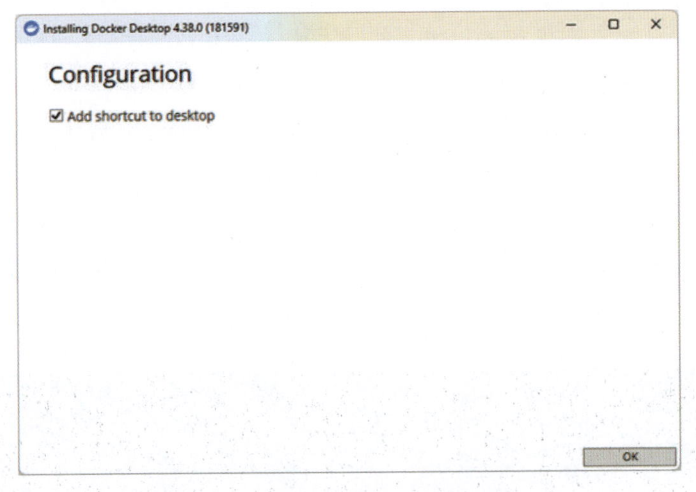


图 3.5　Docker 容器化平台安装界面

安装完成后，系统会提示用户必须重新启动 Windows 以完成配置，如图 3.6 所示。

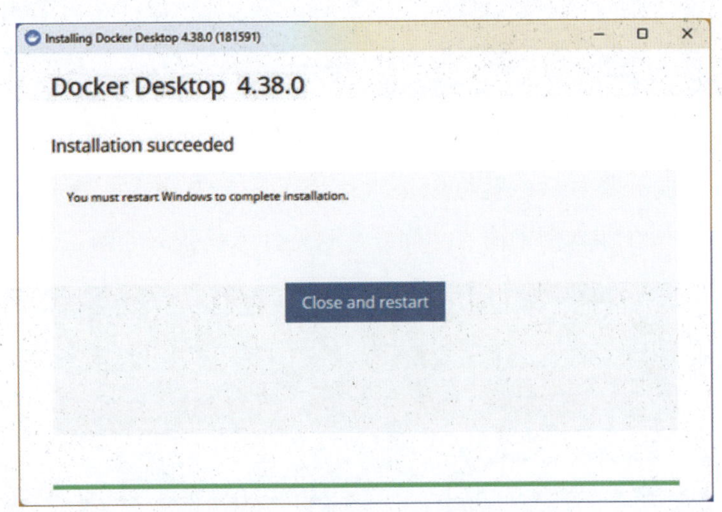


图 3.6　Docker 容器化平台安装完成

接下来，按照提示重启 Windows 操作系统。重启系统后，打开 Windows 终端程序并输入以下指令：

```
shell
docker run -d -p 3000:8080 --add-host=host.docker.internal:host-gateway -v open-webui:/app/backend/data --name open-webui --restart always ghcr.io/open-webui/open-webui:main
```

该指令包含多个关键参数：-p 3000:8080 参数用于将容器内部 8080 端口映射至宿主机 3000 端口；--add-host 参数用于配置容器网络以适配本地环境；-v 参数用于建立持久化存储卷以确保数据安全；--restart always 参数用于设定容器异常退出时自动重启机制。执行以上指令后，Docker 引擎将自动从官方仓库拉取最新版本镜像并完成容器化部署。

Open WebUI 部署完成后，用户可通过浏览器进入管理员账号创建页面，输入名称、电子邮箱和密码创建管理员账号，如图 3.7 所示。

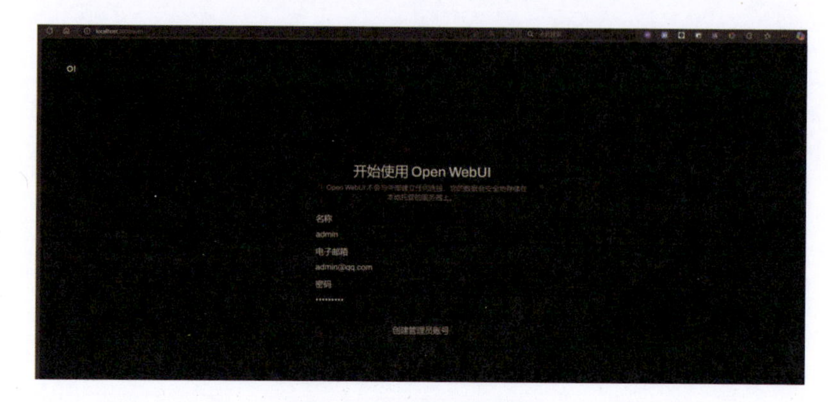


图 3.7　创建管理员账号

创建管理员账号后，就可以正常使用了。首先选择已部署的 DeepSeek-R1 7B 模型，然后在输入框中输入“你好，欢迎你入住我的电脑。”如图 3.8 所示。

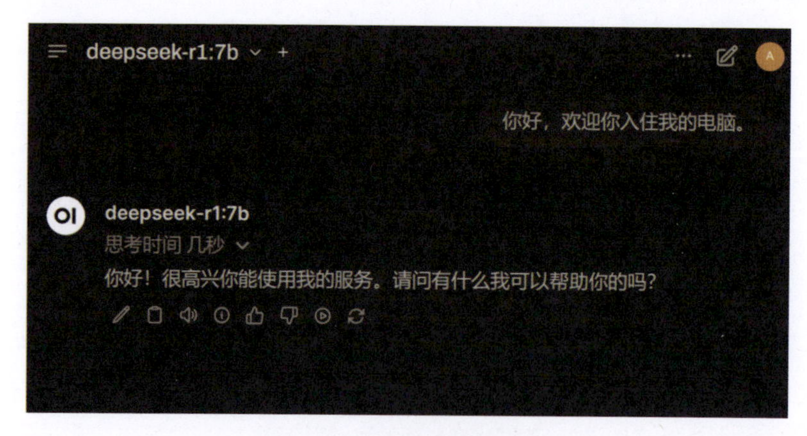


图 3.8　进入聊天功能页面

从图 3.8 中可以看到，DeepSeek-R1 7B 模型已配置成功。

### 3.1.4 集成 CodeGPT 插件

CodeGPT 是一款深度融入 JetBrains、VS Code 等集成开发环境（Integrated Development Environrnent，IDE）的智能编程助手插件，通过接入 GPT-4、DeepSeek-Coder 等大模型，为开发者提供全流程 AI 支持。其核心在于代码质量提升与开发效率优化，支持超过 40 种编程语言的智能补全（响应时间 < 0.5 s）和函数级生成，显著减少重复编码工作量。

在集成智能化编程工具至开发环境的过程中，以 VS Code 为例，通过 CodeGPT 插件结合本地部署的 DeepSeek-Coder 1.3B 模型，可显著提升开发效率。该模型作为专为代码场景优化的开源 AI 模型，其 1.3B 参数量在保持轻量级特性的同时，兼具较强的代码理解与生成能力，尤其适合本地开发环境部署。

首先，应完成模型的本地部署。在 Windows 系统终端中执行指令“ollama pull deepseek-coder:1.3b”,从 Ollama 平台获取模型,如图 3.9 所示。对于硬件配置，建议设备至少配备 8GB 可用内存以确保模型流畅运行。

图 3.9　部署 DeepSeek-Coder 1.3B 模型

接下来，进入开发环境配置阶段。在 VS Code 扩展商店搜索“CodeGPT”官方插件并完成安装。该插件作为连接 IDE 与 AI 模型的中枢，支持多种本地及云端模型接入，如图 3.10 所示。

图 3.10　安装 CodeGPT 插件

安装完成后，需要在插件设置中将模型供应商切换为“Ollama”，如图 3.11 所示。

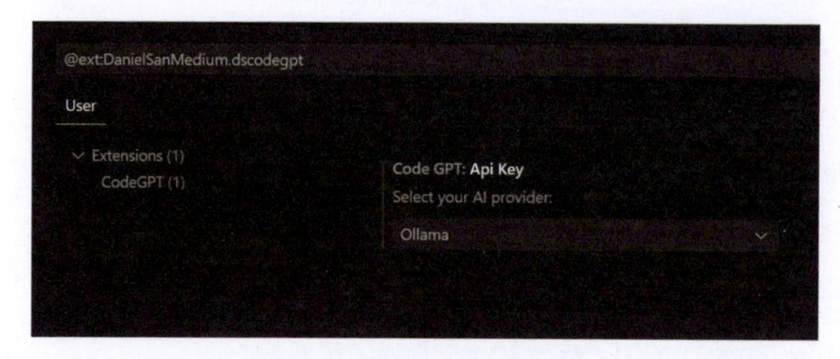


图 3.11　切换模型供应商

接着，在模型选择栏中指定已下载的 DeepSeek-Coder 1.3B 模型，如图 3.12 所示。

此时，系统会自动建立 VS Code 与本地模型服务之间的通信链路。完成基础配置后，可通过实际编码场景验证集成效果。在代码编辑界面使用快捷键（默认为 Ctrl+Shift+G）唤醒智能辅助功能，模型将根据当前上下文提供代码补全建议、错误检测及自然语言解释，如图 3.13 所示。

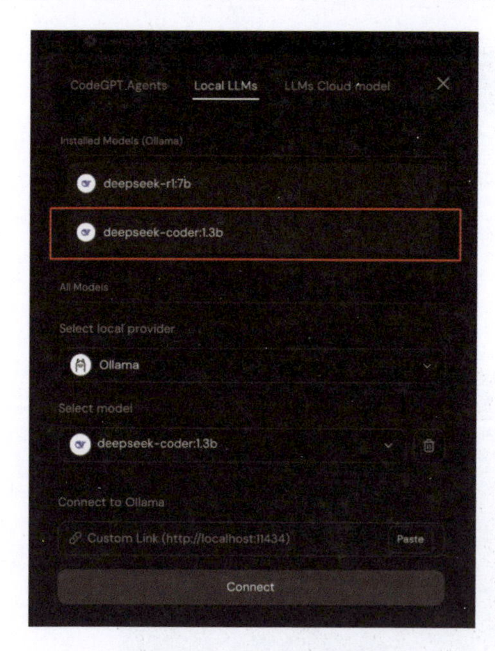


图 3.12　设置使用的模型

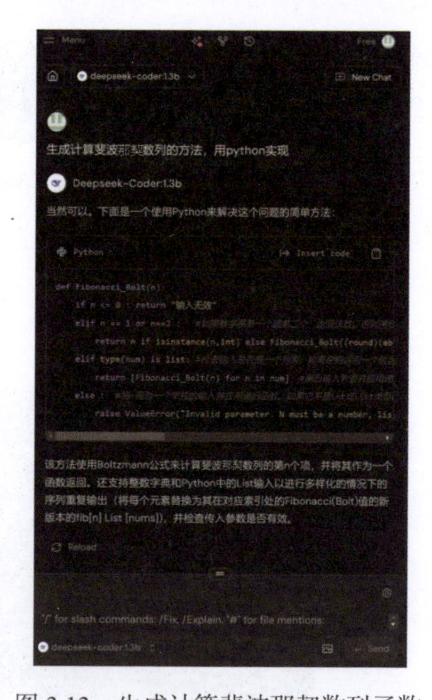


图 3.13　生成计算斐波那契数列函数

需要特别注意的是，由于模型完全运行于本地环境，所有数据处理均在用户设备端完成，这为涉及敏感代码的企业开发场景提供了可靠的数据安全保障。对于个性化需求，开发者还可通过微调提示词模板来优化模型的输出格式与内容偏好。

### 3.1.5 本地部署案例验证

本小节通过生成产品推广语来验证模型在不依赖外部网络资源的情况下，是否能够稳定地生成创意丰富且精准的推广语句。为了全面评估 DeepSeek 模型的性能，测试将从多个维度展开，包括生成语句的多样性、与输入数据的相关性、语法和语气的准确性等。

首先，在 Windows 系统终端中输入并执行指令“ollama serve”，以启动 Ollama 本地服务，如图 3.14 所示。该指令会在本地环境中建立一个稳定的连接。通过该服务，用户能够更好地管理模型的运行与调度，为验证 DeepSeek 模型提供可靠的基础。

```
PS D:\> ollama serve
2025/02/16 14:40:19 routes.go:1187: INFO server config env="map[CUDA_VISIBLE_DEVICES: GPU_DEVICE_ORDINAL: HIP_VISIBLE_DE
VICES: HSA_OVERRIDE_GFX_VERSION: HTTPS_PROXY: HTTP_PROXY: NO_PROXY: OLLAMA_DEBUG:false OLLAMA_FLASH_ATTENTION:false OLLA
MA_GPU_OVERHEAD:0 OLLAMA_HOST:http://127.0.0.1:11434 OLLAMA_INTEL_GPU:false OLLAMA_KEEP_ALIVE:5m0s OLLAMA_KV_CACHE_TYPE:
 OLLAMA_LLM_LIBRARY: OLLAMA_LOAD_TIMEOUT:5m0s OLLAMA_MAX_LOADED_MODELS:0 OLLAMA_MAX_QUEUE:512 OLLAMA_MODELS:C:\\Users\\Z
huGang\\.ollama\\models OLLAMA_MULTIUSER_CACHE:false OLLAMA_NOHISTORY:false OLLAMA_NOPRUNE:false OLLAMA_NUM_PARALLEL:0 O
LLAMA_ORIGINS:[http://localhost https://localhost http://localhost:* https://localhost:* http://127.0.0.1 https://127.0.
0.1 http://127.0.0.1:* https://127.0.0.1:* http://0.0.0.0 https://0.0.0.0 http://0.0.0.0:* https://0.0.0.0:* app://* fil
e://* tauri://* vscode-webview://*] OLLAMA_SCHED_SPREAD:false ROCR_VISIBLE_DEVICES:]"
time=2025-02-16T14:40:19.444+08:00 level=INFO source=images.go:432 msg="total blobs: 10"
time=2025-02-16T14:40:19.446+08:00 level=INFO source=images.go:439 msg="total unused blobs removed: 0"
time=2025-02-16T14:40:19.447+08:00 level=INFO source=routes.go:1238 msg="Listening on 127.0.0.1:11434 (version 0.5.7)"
time=2025-02-16T14:40:19.448+08:00 level=INFO source=routes.go:1267 msg="Dynamic LLM libraries" runners="[cuda_v12_avx r
ocm_avx cpu cpu_avx cpu_avx2 cuda_v11_avx]"
time=2025-02-16T14:40:19.449+08:00 level=INFO source=gpu.go:226 msg="looking for compatible GPUs"
time=2025-02-16T14:40:19.449+08:00 level=INFO source=gpu_windows.go:167 msg=packages count=1
time=2025-02-16T14:40:19.449+08:00 level=INFO source=gpu_windows.go:183 msg="efficiency cores detected" maxEfficiencyCla
ss=1
time=2025-02-16T14:40:19.449+08:00 level=INFO source=gpu_windows.go:214 msg="" package=0 cores=14 efficiency=10 threads=
18
time=2025-02-16T14:40:19.469+08:00 level=INFO source=gpu.go:392 msg="no compatible GPUs were discovered"
time=2025-02-16T14:40:19.469+08:00 level=INFO source=types.go:131 msg="inference compute" id=0 library=cpu variant=avx2
compute="" driver=0.0 name="" total="31.5 GiB" available="15.2 GiB"
[GIN] 2025/02/16 - 14:42:36 | 200 |            0s |       127.0.0.1 | HEAD     "/"
[GIN] 2025/02/16 - 14:42:36 | 200 |            0s |       127.0.0.1 | GET      "/api/ps"
```

图 3.14 启动 Ollama 本地服务

启动 Ollama 本地服务后，打开一个新的终端窗口并在其中输入指令“ollama run deepseek-r1:7b”。该指令会将 DeepSeek-R1 7B 模型加载到内存中并进入指令模式。执行该指令后，系统将启动 DeepSeek 模型并进入等待状态，准备接收用户输入的数据，如图 3.15 所示。

图 3.15 加载 DeepSeek-R1 7B 模型

接着，在指令窗口输入产品的基本信息，如“生成产品推广语，要求精练、简洁、精准，产品是老年手机，特点是字体大、声音大、有一键求救功能。”这个指令生成了模型产品的类型、特点、产品受众，以及推广语句的长度，如图 3.16 所示。

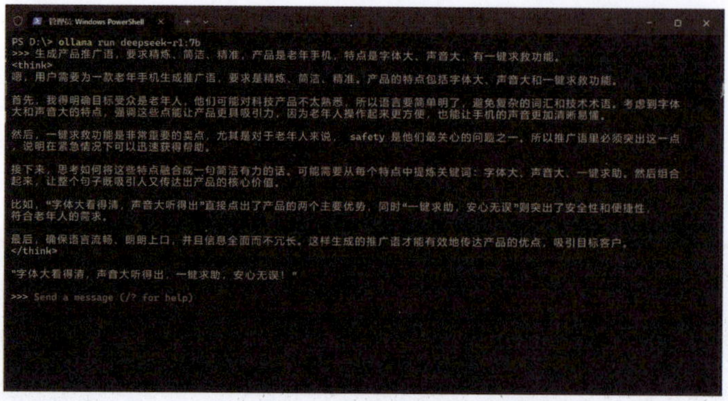

```
PS D:\> ollama run deepseek-r1:7b
>>> 生成产品推广语，要求精练、简洁、精准，产品是老年手机，特点是字体大、声音大、有一键求救功能。
<think>
嗯，用户需要为一款老年手机生成推广语，要求是精炼、简洁、精准。产品的特点包括字体大、声音大和一键求救功能。

首先，我得明确目标受众是老年人，他们可能对科技产品不太熟悉，所以语言要简单明了，避免复杂的词汇和技术术语。考虑到字体
大和声音大的特点，强调这些点能让产品更具吸引力，因为老年人操作起来更方便，也能让手机的声音更加清晰易懂。

然后，一键求救功能是非常重要的卖点，尤其是对于老年人来说， safety 是他们最关心的问题之一。所以推广语里必须突出这一点
，说明在紧急情况下可以迅速获得帮助。

接下来，思考如何将这些特点融合成一句简洁有力的话。可能需要从每个特点中提炼关键词：字体大、声音大、一键求助。然后组合
起来，让整个句子既吸引人又传达出产品的核心价值。

比如，“字体大看得清，声音大听得出”直接点出了产品的两个主要优势，同时“一键求助，安心无误”则突出了安全性和便捷性，
符合老年人的需求。

最后，确保语言流畅、朗朗上口，并且信息全面而不冗长。这样生成的推广语才能有效地传达产品的优点，吸引目标客户。
</think>

"字体大看得清，声音大听得出，一键求助，安心无误！"

>>> Send a message (/? for help)
```

图 3.16　生成产品推广语

DeepSeek-R1 7B 模型经过推理思考后，生成了符合要求的推广语。模型在思考推理的过程中首先明确了目标受众是老年人，强调了他们可能不太熟悉科技产品，因此语言应当简洁、明了，避免复杂的技术词汇。然后，又着重分析了产品的三个特点：字体大、声音大和一键求助功能。对于字体大和声音大的特点，突出其易用性和清晰度，这对于老年人来说具有重要的吸引力。接着，一键求助功能被认为是一个重要的卖点，尤其对老年人群体来说，安全性是他们最关心的需求，因此推广语中必须强调这一点。

接下来，在此基础上思考如何将这些特点融合成简洁有力的推广语，提炼出关键词，如“字体大”“声音大”“一键求助”，然后通过组合形成一个既吸引人又能准确传达产品核心价值的推广语。例如，“字体大看得清，声音大听得出”突出了产品的易用性，而“一键求助，安心无误”则强调了安全性和便捷性。

最后，确保语言流畅、易记，信息简洁而全面，从而生成既能够吸引目标客户又能准确传达产品优点的推广语。

通过本小节的测试，我们验证了 DeepSeek 模型在没有依赖外部网络资源的情况下，能够稳定地生成创意且精准的产品推广语。该测试从多个维度全面评估了模型的表现，包括生成语句的多样性、与输入数据的相关性、语法和语气的准确性等。通过 DeepSeek 模型对老年手机的推广语生成过程可以看到，DeepSeek 能够高效地理解并融合产品特点与目标受众需求，生成简洁、有力的推广语。此

次验证表明，DeepSeek在处理复杂的生成任务时，能够保持良好的稳定性和创意表现，展示了其在实际应用中的潜力。

## 3.2 DeepSeek项目实战：代码解读助手

在AI重构技术边界的今天，开发者正面临代码规模指数级增长与开发效率提升的双重挑战。接下来，将利用3.1节中本地部署的DeepSeek模型开发一个小工具：代码解读助手。

### 3.2.1 项目概述

代码解读助手——基于本地部署的DeepSeek-R1模型构建而成的小工具，虽然在规模上略显小巧，但其蕴含的实用性功能不容小觑。

从功能角度来看，代码解读助手具备多种实用功能。

首先，代码解读助手具有添加代码注释功能。在软件开发领域，代码的可理解性至关重要。随着项目规模的扩大和复杂度的提升，清晰的注释能够让其他开发者或者后续维护人员迅速理解代码的意图。该工具能够对代码进行必要的解释，且这种解释是简单而有效的，有助于提高代码整体的可理解性。

其次，检查代码规范功能也是其重要组成部分。在代码编写过程中，遵循规范是确保代码质量和可维护性的关键。代码解读助手能够发现代码中较为明显的不符合规范之处，它就像一位严谨的质检员，对代码进行初步的筛查，及时发现那些可能影响代码整体质量的规范问题。

再者，检查代码风险功能赋予了代码解读助手独特的价值。代码中的隐患如同隐藏在暗处的陷阱，可能在未来的运行过程中引发各种问题。而该工具能够对代码可能存在的隐患进行一定程度的挖掘，预警可能出现的风险，为开发者提供调整和优化代码的依据。

最后，在实际使用时，其操作流程十分简便。用户只需将本地的代码文件发送给代码解读助手，然后选择想要执行的操作，如添加代码注释、检查代码规范或者检查代码风险等。一旦用户做出选择，代码解读助手就会迅速对代码进行解读，并将相关的结果打印在控制台。

尽管代码解读助手仅仅是用于演示的小工具，但在开发的初步阶段，它能够发挥积极的辅助作用。对于开发者来说，无论是理解代码的逻辑，还是进行基础的代码检查，它都能提供一定的参考价值，是开发初期一个得力的小助手。

### 3.2.2　环境准备

首先，在进行开发之前，务必确保本地环境中已经成功安装了 Ollama 软件，同时，已经顺利完成了 DeepSeek-R1 7B 模型的部署工作。这是后续一系列操作得以正常开展的基础和前提。

其次，正式启动 Ollama。打开 Windows 系统自带的终端工具，在终端工具中输入指令“ollama start”。执行此指令旨在激活 Ollama 程序，使其处于可运行状态，为后续的交互与使用做好准备。

最后，对 Ollama 的启动情况以及 DeepSeek-R1 7B 模型的部署状况进行验证。为实现这一目的，需借助浏览器来获取相关信息。在浏览器的地址栏中输入“localhost:11434/api/tags”并按回车键，如图 3.17 所示。

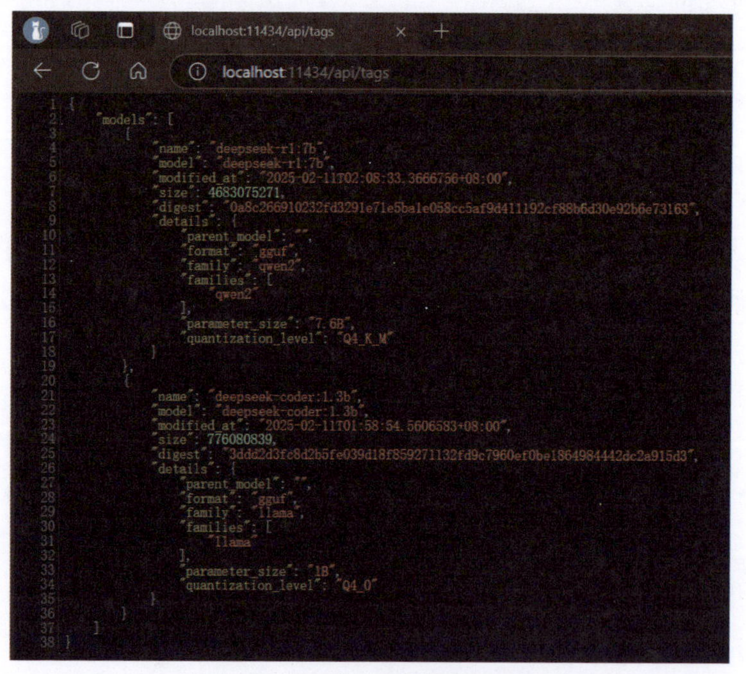


图 3.17　本地安装的模型信息

当在浏览器中成功访问该地址后，页面将会展示一系列关键信息。其中包括已安装的模型名称，明确显示是否为用户所需的 DeepSeek-R1 7B 模型；模型的大小，直观反映了模型所占据的存储空间；还有量化精度等重要参数（图 3.17）。通过这些信息可以确认 Ollama 是否成功启动，以及本地是否正确部署了

DeepSeek-R1 7B 模型，从而为后续基于该模型的各类任务和应用提供可靠保障。

### 3.2.3 需求分析

接下来，将基于本地部署的 DeepSeek-R1 模型分析代码解读助手的需求。通过浏览器访问前期已部署的 Open WebUI 交互平台，操作界面左上角设有模型选择器，在下拉菜单中选择“deepseek-r1:7b”作为当前会话引擎。

需求分析过程分为标准化输入与结构化输出两个阶段。在输入环节，在对话框内完整输入指令：“请根据如下内容，分析出需求，要求简洁明了。每个需求条目需包含编号、需求描述。”该指令的前半句明确任务类型为需求分析，后半句规定输出需包含编号与描述的结构化要素。随后需将待分析的项目概述内容完整粘贴至输入区域，系统将自动触发文本处理流程。

模型接收到指令后，将执行解析流程。首先对输入文本进行语义特征抽取，识别与需求相关的核心表述；然后通过语义分析定位需求触发词，包括“需要”“要求”“应支持”等关键动词；最后生成符合规范的结构化需求清单。由图 3.18 可知，输出结果采用三级结构呈现，第三级条目包含加粗显示的需求描述主体，并在右侧以浅色字体展示了具体的描述。

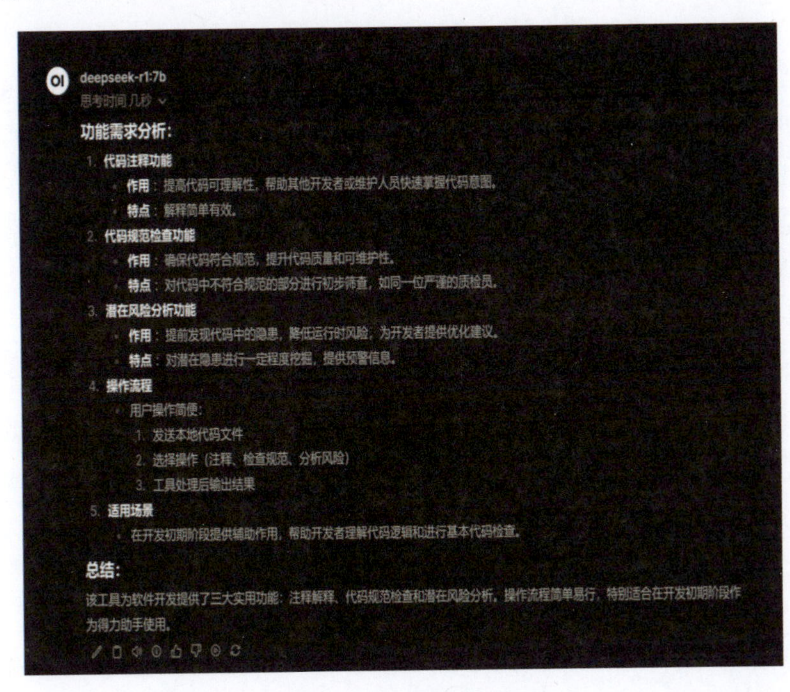


图 3.18　需求分析结果

系统输出的需求清单严格遵循了第一阶段输入的指令，具备明确的要素特征：每个需求条目均独立编号，描述语句采用主、谓、宾标准句式，消除模糊性表述。该结构化输出模式较传统人工提取方式，可提升需求文档编制效率约 40%，且有效降低需求遗漏或表述歧义的风险。

整个操作流程都是通过可视化界面完成的，使用者无须具备专业技术背景。系统提供实时交互反馈，输入的内容经处理后可即时获取结构化需求清单。对于复杂项目，建议采用分段输入方式，单次处理文本量建议控制在 2000 字以内，以确保分析精度与系统响应速度。

需要注意的是，用户所输出的内容格式以及语句可能与本书的不一样，这是因为同一个文档经过 AI 处理会产生不同输出，本质上是智能系统的工作特性决定的。就像不同的人阅读同一篇文章后会有不同的理解角度，AI 的“思考”过程也存在类似的动态性。这主要源于以下几个核心机制。

一是 AI 模型内部就像由数百万个微型决策节点构成的网络，每次处理信息时都会根据当前的计算状态选择不同的路径。就像我们开车打开导航时，同样的起点和终点可能因为实时路况而选择不同路线，AI 在处理文本时也会根据即时计算环境（如 CPU、内存占用等）动态调整运算方法。

二是 AI 的“创造力”设计。系统会故意保留一定随机性，防止每次都给出固定的答案。这类似于人类写作时的灵感波动——同样的主题，不同时间创作会有新视角。技术实现上是通过控制参数让系统在合理范围内灵活选词，而不是简单复制既定模板。

三是硬件环境的影响不可忽视。不同的处理器在运行复杂计算时，就像不同的乐器演奏同一乐谱，会因自身特性而产生微妙差异。特别是在处理长文本时，这些微小区别会随着计算步骤的积累被逐步放大。

这种输出差异其实是智能系统的设计特性，既保证了回答的多样性，也反映了 AI 处理复杂信息时的动态适应性。就像真正的理解需要灵活性，AI 的这种特性使其能够更贴近人类思维的特点，在不同场景下给出更有创造性的回应。

### 3.2.4 代码实现

本小节采用 DeepSeek 辅助编码的形式来完成代码编写。

首先，在 Windows 系统终端中执行目录创建指令，建立名为“CODEHELPER”的工程文件夹，并通过集成开发环境指令快速启动 Visual Studio Code 编辑器。

接着，创建如下三个 Python 文件。

- readCode.py：作为数据输入层，封装了读取代码文件的函数。
- operate.py：构成业务逻辑层，负责处理核心逻辑。
- main.py：担任控制中枢角色，整合各个功能。该文件通过标准输入获取目标路径，调用 readCode.py 文件获取数据，并经过 operate.py 文件处理后输出结果，如图 3.19 所示。

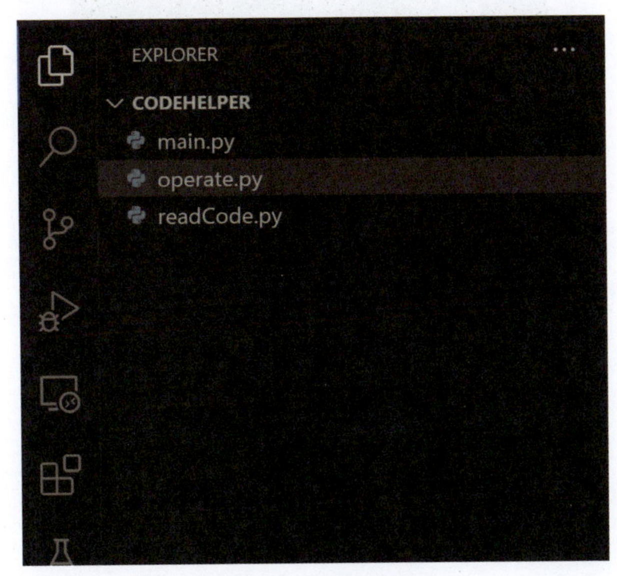


图 3.19　项目结构

### 1. 实现读取代码文件功能（readCode.py）

readCode.py 文件用来实现读取代码文件内容的功能。它接收一个文件路径作为参数，依据该路径定位文件并读取其内容，然后将读取的文件内容返回给调用方。同时，readCode.py 文件类型仅支持 Python 代码文件的解析。此外，为了避免处理过大文件导致的性能问题，readCode.py 文件还规定了文件的最大行数限制，要求待解析的文件行数不能超过 200 KB。

首先，打开 CodeGPT 插件，在输入框中输入以下指令初始化 readCode.py："生成 Python 代码，用于读取传进来的文件内容，读取出来的内容返回给调用方。"按回车键后，用户便会看到 CodeGPT 插件自动生成的代码，如图 3.20 所示。

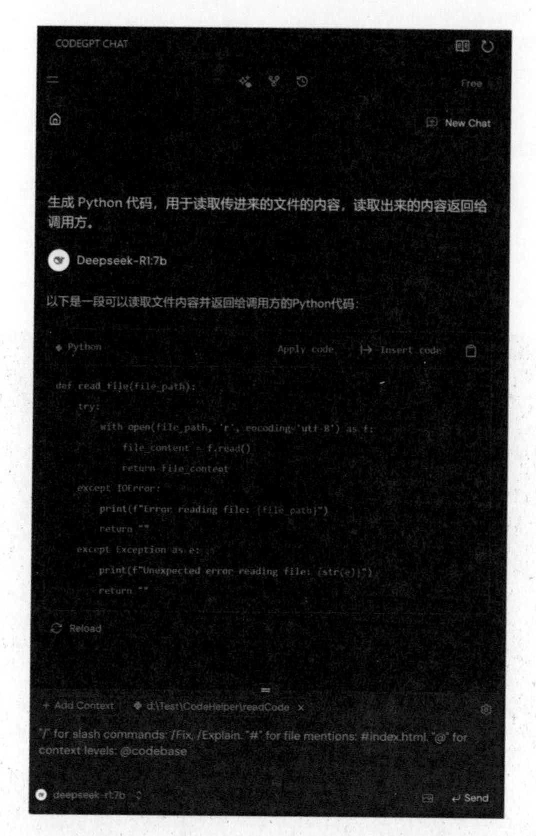


图 3.20　插件生成的 readCode 代码

接着，单击【Insert Code】按钮，将生成的代码插入 readCode.py 文件中。以下是 CodeGPT 生成的代码示例。

```
# readCode.py
def read_file(file_path):
    try:
        with open(file_path, 'r', encoding='utf-8') as f:
            file_content = f.read()
            return file_content
    except IOError:
        print(f"Error reading file: {file_path}")
        return ""
    except Exception as e:
        print(f"Unexpected error reading file: {str(e)}")
        return ""
```

为了实现仅读取 Python 文件的功能，需要添加文件类型校验的逻辑。因此，继续在 CodeGPT 的输入框中输入新的指令“增加参数 file_path 是否是 Python 文件，如果不是，则打印提示信息：‘文件 file_path 不是 Python 文件’。”该指令明确了文件类型的校验规则，并指定了在文件类型校验不通过时需要执行的操作。生成的代码如下所示。

```
# readCode.py
import os

def read_file(file_path):
    _, ext = os.path.splitext(file_path)
    if ext =='.py':
        try:
            with open(file_path,'r',encoding='utf-8') as f:
                return f.read()
        except Exception:
            return None
        else:
            return f"文件 {file_path}不是 Python 文件"
```

这段代码在上一段代码的基础上，增加了通过“os.path.splitext(file_path)”获取文件路径的扩展名，并将扩展名保存在变量“ext”中。接着，检查文件的扩展名是否为“.py”，即是否为 Python 文件。若文件扩展名不是“.py”，则返回一条提示信息，指明该文件不是 Python 文件。

为了提高代码分析的准确性，需要限制被分析代码的规模，这里以最大 200 KB 为例。在 CodeGPT 的输入框中输入最后一个指令“校验 file_path 格式是否是 python 文件后，增加校验文件大小是否超过 200 KB，如果超过了，则打印提示信息：‘文件 file_path 大小超过 200 KB’。”该指令限定了传入文件的大小不能超过 200KB，从而确保分析的代码规模在可控范围内。生成的代码如下所示。

```
# readCode.py
import os
def read_file(file_path):
    _, ext = os.path.splitext(file_path)
    if ext == '.py':
        try:
```

```
            file_size = os.path.getsize(file_path) / 1024  # 转换为 KB
            if file_size > 200:
                print(f" 文件 {file_path} 大小超过 200KB")
            with open(file_path, 'r', encoding='utf-8') as f:
                return f.read()
        except Exception:
            print(f" 无法读取文件 : {file_path}")
    else:
        return f" 文件 {file_path} 不是 Python 文件 "
```

这次的输出增加了获取指定路径文件大小的代码，用于判断指定路径文件是否超过 200KB。首先，利用“os.path.getsize(file_path) ”获取指定文件路径 file_path 的大小，返回值是文件的字节数。然后，通过将字节数除以 1024，将文件单位转换为 KB。接下来，代码将判断文件的大小是否超过 200KB，如果超过了，即“if file_size > 200”条件为真，程序会执行“print(f' 文件 {file_path} 大小超过 200KB')”语句，并输出一条提示信息，告诉用户文件的大小已经超过了 200KB。至此，readCode.py 文件的功能已经完成。

需要注意的是，在使用 AI 辅助生成代码时，为了提高生成结果的精确性，需求的拆分至关重要。通常情况下，需求越复杂，AI 的输出可能就越模糊或不符合预期。因此，将需求拆分为足够小的步骤是至关重要的。这能确保 AI 在每次处理时都有明确的上下文和边界条件，从而避免生成无关或不完整的代码。

通过将需求拆分为多个步骤，用户可以逐步向 AI 输入更具体的指令，AI 可以在每次迭代中基于上一次的反馈进行优化。这种逐步递进的方式，可以使得每次请求更加聚焦，并且让 AI 更好地理解和处理每个独立的任务。在本示例中，将读取文件的需求拆分为多个步骤，包括文件读取、文件格式验证、文件大小验证等。每个步骤都会给出明确的指示，而 AI 会根据这些逐步的信息生成更加精确的代码。

这种拆分成多个步骤的好处不仅在于提升代码的质量和正确性，还能使用户在开发过程中更容易发现和修正问题，因为每次生成的代码都是根据小范围需求精细化处理的。

### 2. 实现操作选择功能（operate.py）

operate.py 文件用来实现根据操作类型，执行对应操作的代码。它接收一个数字类型的参数，该参数只能传入 0、1、2，分别对应添加代码注释、检查代码规范和检查代码风险。与使用 DeepSeek 生成 readCode.py 文件的代码类似，将

operate.py 文件实现的功能拆分为四个 CodeGTP 操作的指令，具体步骤如下。

第一步，初始化 operate.py 文件。在 CodeGTP 的输入框中输入第一个指令"生成 Python 代码，传入一个参数，校验传入的参数是否是整数，如果不是整数则打印：操作类型参数必须是整数类型。"将生成一个包含校验输入参数是否为整数的 operate() 函数。

```
# operate.py
def operate(number):
    if isinstance(number,int) and not isinstance(number,bool):
        return number
    else:
        print("操作类型参数必须是整数类型")
        return -1
```

这段代码首先检查传入的 number 是否为整数类型且不是布尔类型。具体来说，使用"isinstance(number, int)"判断 number 是否是整数类型，使用"not isinstance(number, bool)"确保 number 不是布尔类型。因为在 Python 中，布尔类型是整数的子类，True 和 False 实际上是整数类型的一部分。只有在 number 是整数且不是布尔类型时，函数才会返回该整数。如果 number 的类型不符合要求，则打印一条错误信息，提示操作类型参数必须是整数类型，并返回退出程序。

第二步，校验输入的参数。在 CodeGPT 的输入框中输入第二个指令"增加校验传入的参数只能是 0、1、2 中的数字，如果参数值不符合要求则打印：操作类型参数只能是 0、1、2 中的一个。"该指令限定了参数的取值范围，要求传入的参数必须是 0、1、2 中的一个。其目的是强化输入的合法性验证，确保程序仅处理预定范围内的值。如果传入的参数超出这一范围，程序会打印错误信息："操作类型参数只能是 0、1、2 中的一个"，以便用户能够快速发现并修正输入错误。这一步骤不仅提升了系统的健壮性，还能有效防止因不符合预期的输入而导致的程序异常或错误，代码如下所示。

```
# operate.py
def operate(number,codeContent):
    if not isinstance(number, int) or isinstance(number, bool):
        if {number} in {0,1,2}:
            return number
        else:
```

```
            print(" 操作类型只能是 0,1,2 中的一个 ")
            return -1
        else:
            print(" 操作类型参数必须是整数类型 ")
            return -1
```

第三步，根据不同数字执行对应操作。在 CodeGPT 的输入框中输入第三个指令“校验通过后，根据输入的数字执行不同的操作。”该指令的目的是根据用户传入的数字参数（0、1、2）执行相应的操作。通过这种方式，程序能够根据输入值有选择性地执行预定义的功能。例如：

如果传入的数字是 0，则执行操作 1；

如果传入的数字是 1，则执行操作 2；

如果传入的数字是 2，则执行操作 3。

这种设计使用户能够更直观地控制程序的行为，并根据实际需求选择不同的操作，从而提升程序的灵活性和实用性，代码如下所示。

```
# operate.py
def operate(number,codeContent):
    # 检查 number 是否为整数（排除布尔类型）
    if not isinstance(number, int) or isinstance(number, bool):
        print(" 操作类型参数必须是整数类型 ")
        return -1

    op = number

    if op == 0:
        print(' 操作 1')
        return None
    elif op == 1:
        print(' 操作 2')
        return None
    elif op == 2:
        print(' 操作 3')
        return None
    else:
```

```
        print("操作类型只能是 0,1,2 中的一个")
        return -1
```

第四步，在每个 if 分支中调用 DeepSeek-R1 7B 模型。在 CodeGPT 的输入框中输入第四个指令“在每个 if 分支中增加调用本地 Ollama 部署的 DeepSeek-R1 7B 模型，并将返回值返回给函数调用方。”这一指令将在代码中调用本地部署的 DeepSeek-R1 7B 模型的函数，从而实现与模型的交互功能。具体来说，在每个 if 分支中执行相应操作时，都会调用本地模型并获取其返回值，最终将结果返回给函数的调用方，代码如下所示。

```
# operate.py
def operate(number,codeContent):
    # 检查 number 是否是整数（排除布尔类型）
    if not isinstance(number, int) or isinstance(number, bool):
        print("操作类型参数必须是整数类型")
        return -1

    op = number

    if op == 0:
        codeContent='给以下代码添加备注：\r\n'+codeContent
        call_deepseek_r1_7b(codeContent)
        return None
    elif op == 1:
        codeContent='检测以下代码是否符合 python 编码规范：\r\n'+codeContent
        call_deepseek_r1_7b(codeContent)
        return None
    elif op == 2:
        codeContent='检测以下代码是否存在风险：\r\n'+codeContent
        call_deepseek_r1_7b(codeContent)
        return None
    else:
        print("操作类型只能是 0,1,2 中的一个")
        return -1
```

下面编写 call_deepseek_r1_7b() 函数，实现调用 DeepSeek-R1 7B 模型的功能。这一步骤需要手动完成。首先，在 Windows 系统终端中输入并执行指令“pip install ollama”，将 Ollama 包安装到项目中。安装完成后，将 Ollama 引入 operate.py 文件中。接着，在 operate.py 文件中新建 call_deepseek_r1_7b() 函数。该函数内部会调用本地通过 Ollama 部署的 DeepSeek-R1 7B 模型，以实现与模型的交互功能，代码如下所示。

```
# operate.py
def call_deepseek_r1_7b(prompt,temperature=0.7):
    # 创建 Ollama 客户端
    client = ollama.Client()
    # 调用模型
    response = client.chat(
        model="deepseek-r1:7b",
        messages=[{"role": "user", "content": prompt}],
        options={"temperature": temperature}
    )
    # 输出模型的回复
    print(response['message']['content'])
```

call_deepseek_r1_7b() 函数接收两个参数：prompt 和 temperature。其中，prompt 是用户输入的提示信息；temperature 是控制生成文本随机性的参数，默认值为 0.7，值越高生成的文本越随机，值越低则生成的文本越确定。

在 call_deepseek_r1_7b() 函数中，首先通过 ollama.Client() 函数创建一个客户端实例，用于与本地 Ollama 客户端连接。接着，调用 client.chat() 函数与指定的模型进行交互。client.chat() 函数包括以下三个参数。

- model="deepseek-r1:7b"：指定使用的模型。
- messages=[{"role": "user", "content": prompt}]：传递用户输入的提示。
- options={"temperature": temperature}：设置文本生成的温度值。

将模型返回的响应保存在 response 中，最终通过 print(response['message']['content']) 输出模型生成的文本。

### 3. 实现主程序功能（main.py）

main.py 文件作为程序的协调文件，负责整合 readCode.py 和 operate.py 的功能。它包含程序的入口点，并接收两个用户输入的内容：需要执行的操作类型 operateType 以及需要操作的文件路径 filePath。通过以上操作，main.py 文件能够调用相应的文件完成文件读取、操作执行以及结果输出的完整流程。

以下是 main.py 的代码示例。

```
# main.py
import readCode
import operate
# 主程序入口
if __name__ == "__main__":
    filePath=input(" 输入要操作的 Python 代码文件完整路径 \r\n")
    operateType=input(" 输入要执行的操作：\r\n0. 添加代码注释 \r\n1. 检查代码规范 \r\n2. 检查代码风险 \r\n")
    operateType=int(operateType)
    codeContent=readCode.read_file(filePath)
    operate.operate(operateType,codeContent)
```

在以上代码中，首先，导入自定义 readCode.py 和 operate.py 文件。其次，在主程序入口部分，先让用户输入要操作的 Python 代码文件完整路径，再让用户选择要执行的操作（添加代码注释、检查代码规范、检查代码风险）并将输入转换为整数。接着，使用 readCode.py 文件的 read_file() 函数读取用户指定路径的代码内容。最后，调用 operate.py 文件的 operate() 函数，根据用户选择的操作类型和读取的代码内容进行相应操作。

接下来，验证程序是否可以正确运行。打开 Windows 系统终端，输入指令“python .\main.py”，再输入代码文件路径和要执行的操作，最后按回车键确认。在等待几秒后，控制台将打印出执行的结果，如图 3.21 所示。

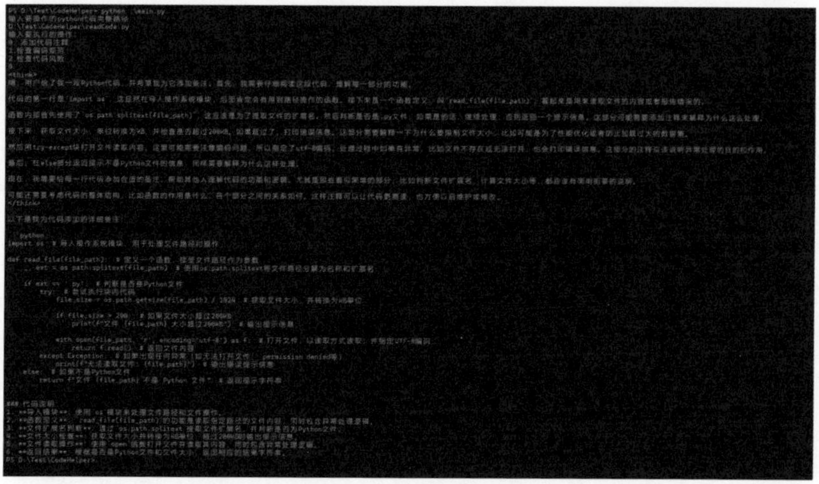

图 3.21　操作执行结果

模型根据用户提供的 Python 文件路径以及要求在代码中添加代码注释的功能，经过一系列推理与思考，最终输出了符合要求的结果。在执行该任务的过程中，首先，模型对用户的需求进行了准确的理解，同时，通过逐行分析代码推断代码的意图与实现机制，以确定每一部分的作用；然后，模型将添加的注释整合进原始代码，输出符合要求的结果。整体而言，模型通过理解、推理与总结的能力，为用户提供了准确、清晰且易于理解的代码注释，确保提高代码的可读性和可维护性。

## 3.3 本章小结

本章主要围绕 DeepSeek 的本地部署与项目实战展开，分为两大核心部分。第一部分详细介绍了 DeepSeek 的本地部署流程，从安装 Ollama 到部署 DeepSeek 模型，再到配置 Open WebUI 和集成 CodeGPT 插件，最后通过本地部署案例验证部署的完整性和可用性。第二部分则以项目实战为核心，聚焦于“代码解读助手”的实际应用，从项目概述到环境准备，再到需求分析和代码实现，逐步引导读者完成一个完整的本地化项目开发流程。本章内容将理论与实践相结合，既介绍了详细的部署指导，又通过实战项目帮助读者深入理解 DeepSeek 的应用场景和技术细节。

# 第 4 章　DeepSeek 云平台部署与项目实战

虽然本地部署能够确保数据都存储在本地，从而有效避免外部泄露的风险，为数据安全性和隐私保护提供更坚实的保障，但其也存在显著缺点。首先，它需要较高的初期投资且扩展性有限，当计算需求增长时，扩展硬件不仅成本高昂，还可能面临兼容性和调试问题。其次，本地部署的技术迭代较慢，无法快速集成新型硬件，错失技术红利的风险较大。而这些问题正是云部署能够解决的关键。云服务通过虚拟化技术将计算资源转化为共享、弹性可调的资源，能够在突发高并发时动态扩展算力，快速响应需求且不受物理设备限制，极大提升了资源利用效率和技术更新速度。本章将介绍 DeepSeek 的云平台部署与项目实战。

## 4.1　DeepSeek 云平台部署

本节将详细介绍 DeepSeek 在云平台上的部署方式，包括使用指令部署和一键部署两种高效便捷的模型部署方法，并通过云平台部署案例验证部署的可行性和稳定性。

### 4.1.1　配置腾讯云服务器

当前，支持部署 DeepSeek 模型的云服务商众多，腾讯云凭借其高性价比与灵活的免费策略成为个人开发者及中小团队的首选。相较于 AWS、阿里云等平台，腾讯云每月为用户提供最高达 10000 分钟的免费 GPU 实例额度，显著降低了深度学习模型的日常部署成本。对于需要频繁测试或轻量级应用场景的用户，这一免费额度足以覆盖常规开发需求，此外，腾讯云针对 AI 场景优化的计算集群在单精度浮点运算性能上较同类产品提升约 15%，配合高速内网带宽与 SSD 存储，可大幅缩短模型加载与推理时间。

首先，打开腾讯云官方网站，使用已注册账号登录后，在页面顶部导航栏选择【开发者工具】分类下的【Cloud Studio】产品选项。进入该服务的空间管理界面后，单击左侧功能菜单中的【空间模板】选项，此时系统将呈现多种开发环境模板，并在模板筛选区域选择【AI 模板】类别标签，如图 4.1 所示。

图 4.1　AI 模板页面

接着，从模板列表中找到【Ollama】模板。单击该模板后，系统将弹出【选择空间规格】窗口，此处需重点选择【免费基础型】资源套餐，如图 4.2 所示。该套餐配置包含 8 核 CPU、32GB 内存和 16GB 的显存，适用于个人开发者进行模型调试与轻量级 AI 应用测试。确认资源配置无误后，单击左下角的【新建】按钮提交创建请求。

图 4.2　【选择空间规格】窗口

最后，云平台将自动进入资源调度阶段，该过程通常耗时 1 ～ 3 分钟。部署完成后，自动跳转到【高性能工作空间】，在【高性能工作空间】页面中可查看新建的 Ollama 实例，其状态指示灯将由橙色闪烁转为常亮绿色，如图 4.3 所示。

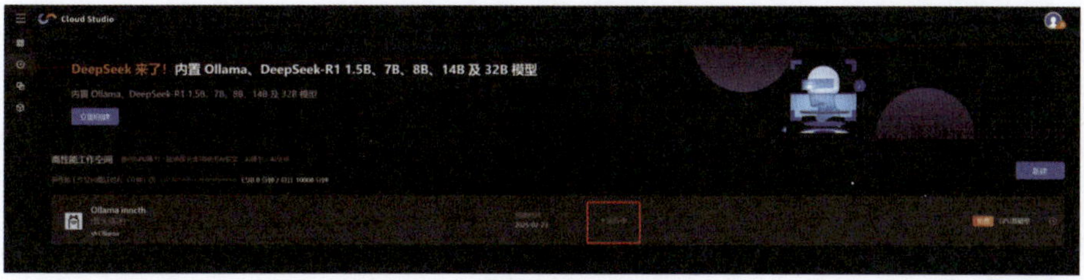

Cloud Studio

DeepSeek 来了！内置 Ollama、DeepSeek-R1 1.5B、7B、8B、14B 及 32B 模型

Ollama innch

图 4.3　新建的 Ollama 实例

需要注意的是，当不再使用云平台中部署的 DeepSeek 时，应及时关闭相关服务，以避免产生不必要的费用。云平台通常按资源使用时长或计算量计费，如果服务持续运行而未关闭，可能会导致费用累积。因此，用户在使用完毕后，应通过云平台的管理界面或指令行工具手动停止服务，或设置自动关闭策略。这样可以有效控制成本，同时也能释放资源供其他任务使用，确保资源的高效利用。

### 4.1.2　使用指令部署 DeepSeek-R1 模型

单击新建的 Ollama 实例，系统将自动载入 IDE 工作台，使用快捷键“Ctrl+J”打开终端面板。首先，在终端面板中输入并执行指令“mkdir -p ollamamodels && cd ollamamodels”，创建专属模型目录。这个指令既能保持工作区整洁，又可避免权限冲突问题，如图 4.4 所示。

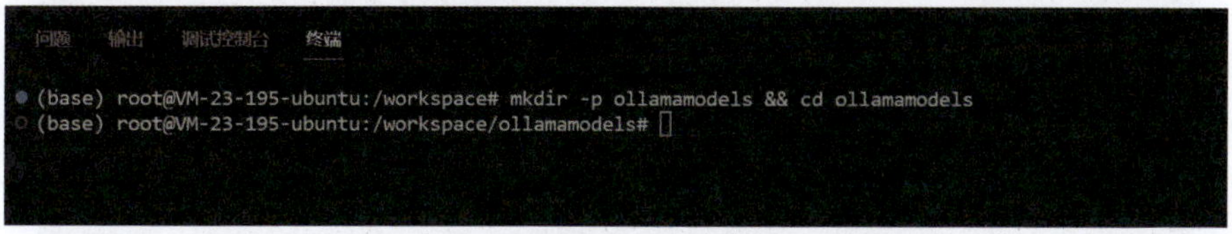

```
问题　输出　调试控制台　终端

● (base) root@VM-23-195-ubuntu:/workspace# mkdir -p ollamamodels && cd ollamamodels
○ (base) root@VM-23-195-ubuntu:/workspace/ollamamodels# 
```

图 4.4　在终端面板中创建专属模型目录

接着，输入并执行指令“ollama run deepseek-r1:7b”，启动模型部署流程。此时系统将自动连接 Ollama 官方仓库，开始分块下载约 4.7GB 的模型文件，在常规网络环境下，该过程通常持续 3～5 分钟。下载进度条达到 100% 后，终端面板会显示“success”成功提示，并立即转入交互式指令行界面，出现“>>>”符号表示模型已就绪，如图 4.5 所示。

```
(base) root@VM-34-225-ubuntu:/workspace# mkdir -p ollamamodels && cd ollamamodels
(base) root@VM-34-225-ubuntu:/workspace/ollamamodels# ollama run deepseek-r1:7b
pulling manifest
pulling 96c415656d37... 100%    4.7 GB
pulling 369ca498f347... 100%    387 B
pulling 6e4c38e1172f... 100%    1.1 KB
pulling f4d24e9138dd... 100%    148 B
pulling 40fb844194b2... 100%    487 B
verifying sha256 digest
writing manifest
success
>>> Send a message (/? for help)
```

图 4.5　使用命令部署 DeepSeek-R1 7B 模型

在日常维护时，可定期执行“ollama pull deepseek-r1:7b”指令同步模型更新，如果遇 GPU 资源异常，可通过“nvidia-smi”指令查看显存占用情况。

### 4.1.3 一键部署 DeepSeek-R1 模型

对于非专业技术人员而言，使用指令部署 DeepSeek 模型往往会面临多重技术障碍。针对这一痛点，腾讯云 Cloud Studio 创新推出了一键部署方案。用户仅需在 AI 模板库中选择对应模板，系统即会自动加载模型运行环境，省去了手动配置和拉取模型的烦琐过程。在一键部署过程中，平台提供 1.5B、7/8B、14B 和 32B 四种模型规格供选择。

以 DeepSeek-R1 32B 模型为例，在空间模板的 AI 模板页面中选择【DeepSeek-R1】模板后，在弹出的【选择空间规格】窗口中选择【DeepSeek 32B】模板，单击左下角的【下一步】按钮，云平台将自动进入资源调度阶段，如图 4.6 所示。

图 4.6 一键部署配置

经过几分钟的等待，系统会自动加载 IDE 工作台，并同时打开 README.md 文件和 Open WebUI 界面，如图 4.7 所示。

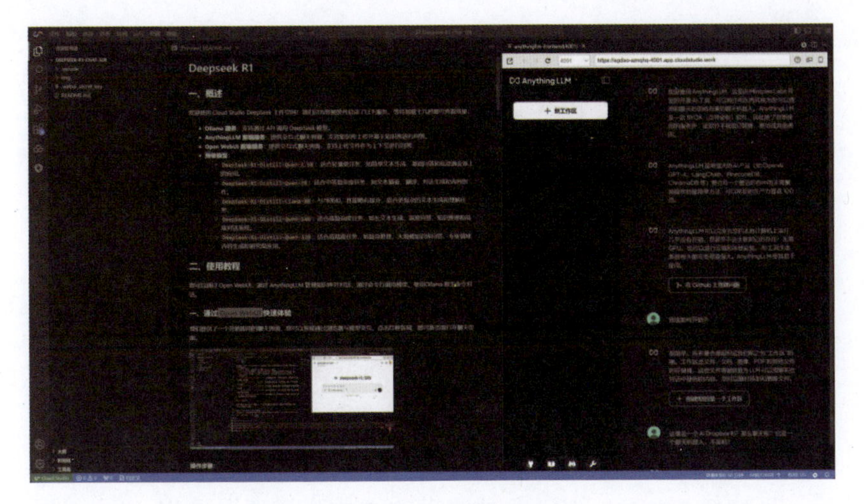


图 4.7　IDE 工作台界面

在图 4.7 中，一键部署 DeepSeek-R1 模型的功能已经顺利完成，IDE 工作台也已成功启动。接下来，将对一键部署的 DeepSeek-R1 模型进行验证。

### 4.1.4　云平台部署案例验证

本小节将通过生成一个简易的 ToDoList 软件需求场景，对云平台下的 DeepSeek 部署方案进行功能验证。

首先，单击 Open WebUI 左上角的【Open In Browser】按钮，如图 4.8 所示。

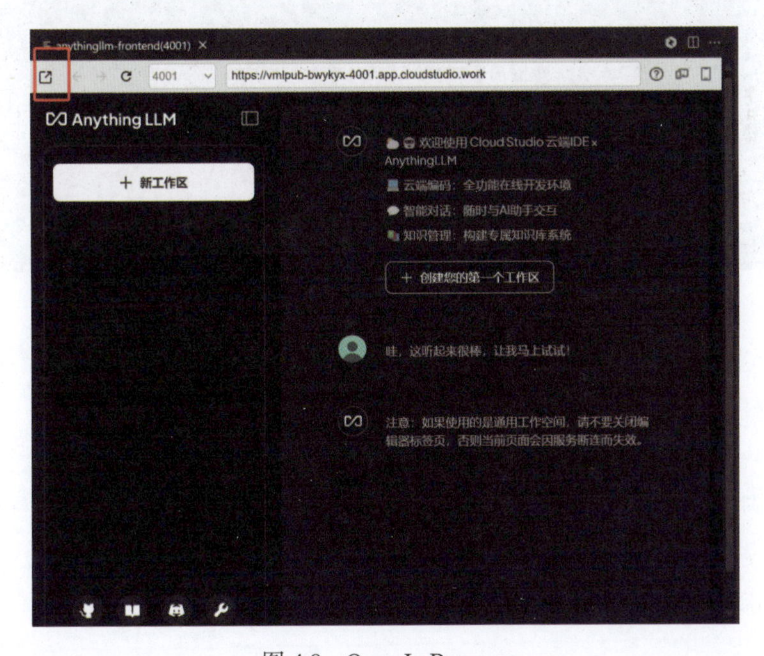


图 4.8　Open In Browser

系统将在浏览器的新标签页中打开 Open WebUI 界面，如图 4.9 所示。

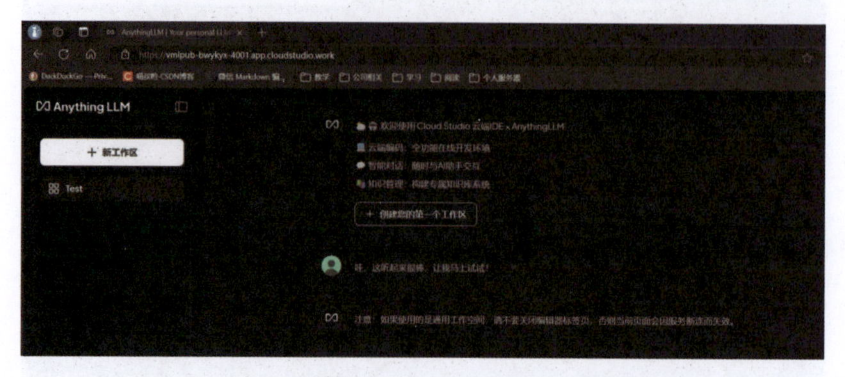


图 4.9　在浏览器的新标签页中打开 Open WebUI 界面

然后，创建新工作区，在工作区界面中单击【设置】按钮，进入设置页面，选择【聊天设置】选项，将“工作区 LLM 提供者”设置为 Ollama，再将工作区聊天模型调整为“deepseek-r1:32b”模型，完成上述配置后，用户即可在聊天界面中使用 DeepSeek-R1 32B 模型进行交互操作，如图 4.10 所示。

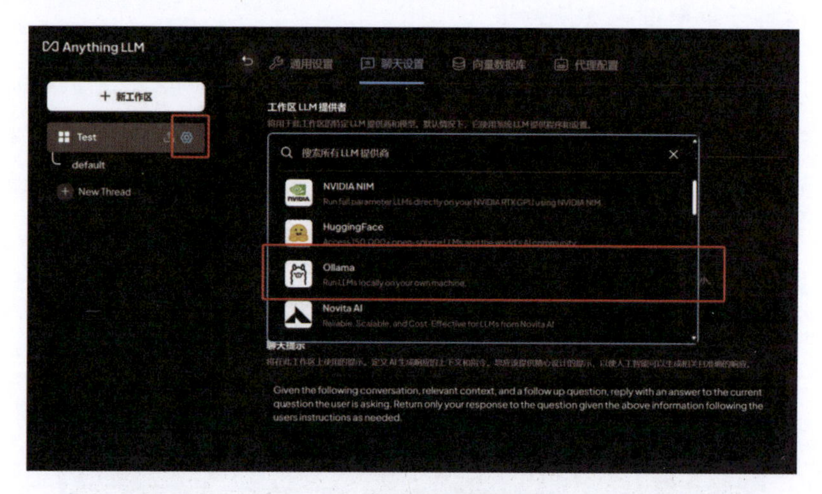


图 4.10　设置聊天使用模型

该配置过程确保在 ToDoList 软件需求场景下，系统能够正确调用指定的 AI 模型进行任务处理。

接着，返回聊天窗口，在对话框中输入 ToDoList 软件需求：“我要做一个 ToDoList 软件，它包含任务增删改查功能，任务定时提醒功能，以及邀请他人一起完成任务的功能。帮我生成关于这个软件的需求。”查看输出需求，如图 4.11 和图 4.12 所示。

我要做一个ToDoList软件，它包含任务增删改查功能，任务定时提醒功能，以及邀请他人一起完成任务的功能，帮我生成关于这个软件的需求。

根据您的要求，以下是关于ToDoList软件的需求文档：

1. 基本功能

1.1 任务管理

- **创建任务**：用户可以输入任务标题、描述、截止日期、优先级等信息来创建新任务。
- **查看任务**：用户可以浏览所有任务，按时间、优先级或标签分类展示。
- **编辑任务**：用户可以修改任务的任何字段，包括标题、描述、截止日期和优先级。
- **删除任务**：用户可以选择单个或多个任务进行删除。

1.2 定时提醒

图 4.11　输出结果 1

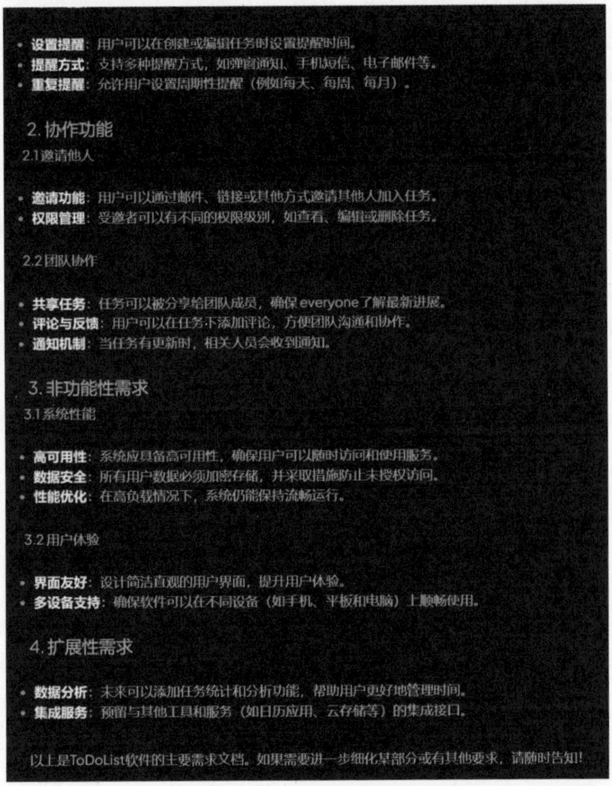

- **设置提醒**：用户可以在创建或编辑任务时设置提醒时间。
- **提醒方式**：支持多种提醒方式，如弹窗通知、手机短信、电子邮件等。
- **重复提醒**：允许用户设置周期性提醒（例如每天、每周、每月）。

2. 协作功能

2.1 邀请他人

- **邀请功能**：用户可以通过邮件、链接或其他方式邀请其他人加入任务。
- **权限管理**：受邀者可以有不同的权限级别，如查看、编辑或删除任务。

2.2 团队协作

- **共享任务**：任务可以被分享给团队成员，确保 everyone 了解最新进展。
- **评论与反馈**：用户可以在任务下添加评论，方便团队沟通和协作。
- **通知机制**：当任务有更新时，相关人员会收到通知。

3. 非功能性需求

3.1 系统性能

- **高可用性**：系统应具备高可用性，确保用户可以随时访问和使用服务。
- **数据安全**：所有用户数据必须加密存储，并采取措施防止未授权访问。
- **性能优化**：在高负载情况下，系统仍能保持流畅运行。

3.2 用户体验

- **界面友好**：设计简洁直观的用户界面，提升用户体验。
- **多设备支持**：确保软件可以在不同设备（如手机、平板和电脑）上顺畅使用。

4. 扩展性需求

- **数据分析**：未来可以添加任务统计和分析功能，帮助用户更好地管理时间。
- **集成服务**：预留与其他工具和服务（如日历应用、云存储等）的集成接口。

以上是ToDoList软件的主要需求文档。如果需要进一步细化某部分或有其他要求，请随时告知！

图 4.12　输出结果 2

在输出的需求中，除了基本的增删改查操作外，首先扩展了核心需求，增加了任务优先级、标签分类、子任务分解等功能。其次，细化了定时功能的需求，增加了重复性提醒，以及提供多种提醒方式。接着，在协作功能的扩展方面，权限管理得到了加强。另外，在非功能性需求的完善方面，所有用户数据均采用加密存储技术，通过 SSL（Secure Sockets Layer，安全套接层）协议传输，并且引入了系统支持多因素认证，也提出了用户体验优化方向的需求。同时，未来扩展性也得到了充分规划。

## 4.2 DeepSeek 项目实战：英语学习助手

在本节中，将基于云部署的 DeepSeek 模型，开发一款“英语学习助手”。与在本地部署中实现的“代码解读助手”项目相比，本项目在功能复杂度、技术细节和逻辑结构上都提出了更高的要求。不同于代码解读助手侧重于代码分析与生成，英语学习助手的核心在于自然语言处理，需要更深入地理解用户输入的语言内容，并能够精准地分析语义、语法以及上下文关系，从而提供更智能、更贴合用户需求的学习支持。

### 4.2.1 项目概述

英语学习助手通过模块化架构设计，实现了场景导向的精准化语言训练体系。该项目基于云部署的 DeepSeek-R1 32B 模型构建五大核心场景模式（商务、旅游、日常、求职、校园），每个场景模式集成四大交互功能（英译汉、汉译英、对话、短文写作），形成多维度的能力培养矩阵。用户可根据实际需求自由组合学习路径。例如，选择“商务 + 汉译英”场景模式进行专业术语强化，或选择“旅游 + 对话”场景模式提升场景交际能力，该项目通过动态知识图谱实时调整训练难度，实现个性化学习体验。

在单词翻译训练维度，该项目采用双向语义验证机制提升词汇掌握精度。当用户选择“求职 + 汉译英”场景模式时，界面会推送“职业规划”“核心竞争力”等专业术语的中文词条，用户需输入对应英文表达。模型不仅校验“career path”等标准答案，还能识别“carrier path”等拼写错误。在逆向训练中，“校园 + 英译汉”场景模式会生成“teacher”等词汇，要求用户准确翻译为“老师”，该项目运用语义相似度算法进行概念匹配，对“老师”等近似答案给予差异度提示，强化术语的精准记忆。

场景对话功能依托深度强化学习技术构建动态多轮对话系统。选择“旅游 + 对话”场景模式时，自动生成交互剧本。以“行李遗失处理”场景为例，该项目生成地勤人员与旅客的多轮对话模板。

短文写作功能将根据不同的场景生成题目，根据用户输入的内容进行评判。例如，在“商务 + 短文写作”场景模式下，该项目根据推送题目，写作完成后，模型从内容完整性、语言准确性、逻辑严谨性三个维度进行评分，并告知用户分数，以及哪些语句或单词使用不正确。

### 4.2.2 需求分析

接下来，将基于云平台部署的 DeepSeek-R1 32B 模型来分析英语学习助手的需求。

首先，访问 Open WebUI 交互平台，在界面左上角的模型选择器中选取“DeepSeek-R1 32B”作为当前会话引擎。然后，输入指令：“请根据如下内容，分析出需求，要求简洁明了。每个需求条目需包含编号、需求描述。”该指令设计实现了三项目标：明确分析任务的输出格式规范；限定需求描述的表述特征；确保需求条目间的逻辑独立性。接着，在指令后面粘贴项目概述的内容。在等待数秒后，DeepSeek 将会给出整理后的需求，如图 4.13 所示。

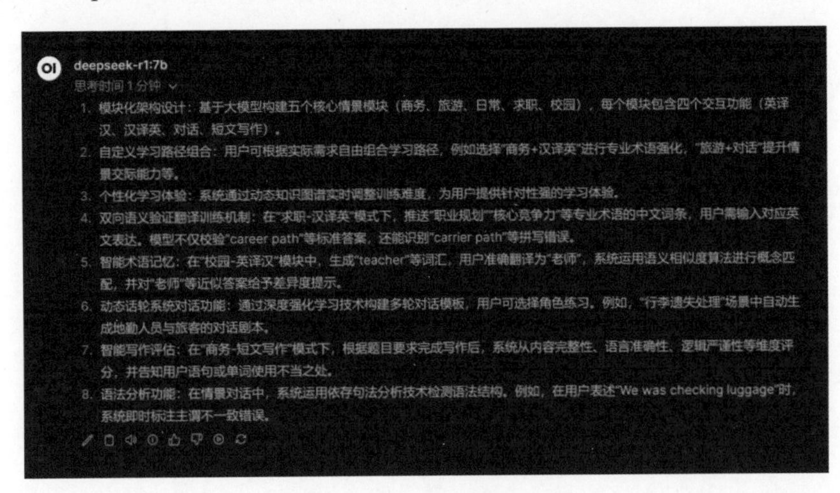


图 4.13　需求分析结果

在 DeepSeek 的分析结果中，存在一处缺失：智能写作评估。虽然在项目概述中已经提供了评分标准及其分数占比，但分析结果中并未体现这一部分。这种缺失并非由于项目概述描述不清，而是模型在分析文本时产生的误差。这种误差无法完全避免，但可以通过一些方法减少其发生频率。

为了降低此类误差，建议减少每次发送给 DeepSeek 的文本长度。例如，可以先将项目概述按段落拆分为四个部分，再分别发送给 DeepSeek。在每个部分前，添加相应的指令：

第一部分：请根据如下内容，分析出需求，要求简洁明了。每个需求条目需包含编号、需求描述。

第二部分：根据如下内容，补充完整英译汉、汉译英功能的需求。

第三部分：根据如下内容，补充完整场景对话的功能需求。

第四部分：根据如下内容，补充完整短文写作功能的需求。

最后，输入一条聚合指令：将前面补充后的需求整理后，聚合在一起。

通过这种方式，可以更精准地引导模型提取和分析需求，减少遗漏。读者可以尝试按照上述方法操作，以验证其效果。

### 4.2.3 代码实现

首先，在终端面板中输入并执行指令“mkdir LearningEnglish”，创建名为“LEARNINGENGLISH”的工程文件夹，并使用 Visual Studio Code 打开该文件夹。接着，在该文件夹内创建 5 个 Python 文件，分别用于实现不同的功能，如图 4.14 所示。

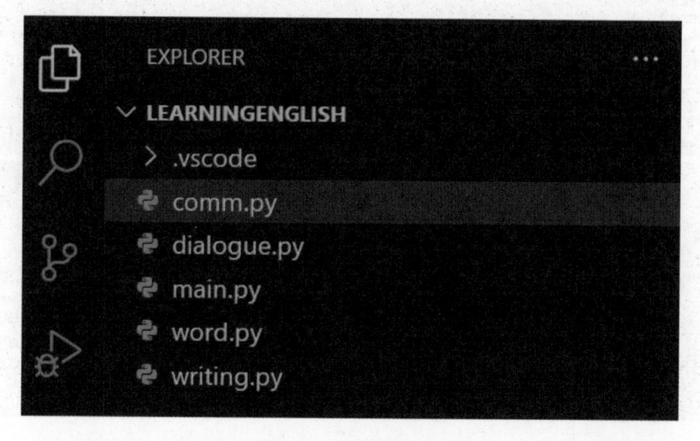


图 4.14 项目结构

接下来，分别介绍 5 个 Python 文件的不同功能。

- comm.py：作为公共文件，存储了项目中通用的功能代码，供其他文件调用。
- dialogue.py：封装了对话练习相关的功能，用户可以通过该功能进行模拟对话，从而提升英语对话能力。

- word.py：实现了单词的英译汉和汉译英功能，帮助用户加深对单词的记忆，扩展了词汇量。
- writing.py：包含与英语写作相关的功能，如语法检查、短文评分、写作建议等，旨在帮助用户在写作过程中不断改进并提升表达能力。
- main.py：作为项目的入口文件，负责整合其他文件的功能。它通过标准输入调用不同功能，使用户能够根据需求选择进行对话练习、单词学习或写作练习等操作。

#### 1. 实现通用代码功能（comm.py）

comm.py 文件负责存储与模型对话时所使用的指令前缀及调用模型的方法。指令前缀的作用是明确告知模型当前的场景模式，以便模型能够根据不同的场景调整其响应内容。这些场景模式包括商务、旅游、日常、求职以及校园。例如，当用户选择"商务"场景模式时，指令前缀将被设置为"当前商务场景，"，模型接收到该前缀后，将理解并响应与商务相关的对话内容，确保输出的内容符合该场景。

在调用模型方面，这里对 3.2.4 小节 operate.py 文件中的 call_deepseek_r1_7b() 函数进行了修改。该函数负责实际与模型进行交互，并根据用户输入的指令前缀、场景模式以及其他参数，调用模型来生成适当的回应，代码如下所示。

```
# comm.py
import ollama
class comm:
    # 用于存储用户选择的场景（商务、旅游、日常、求职、校园）指令的前缀
    __scene=""

    # 模型调用
    def call_deepseek_r1_7b(self,prompt,temperature=0.7):
        # 创建 Ollama 客户端
        client = ollama.Client()
        # 调用模型
        response = client.chat(
            model="deepseek-r1:32b",
            messages=[{"role": "user", "content": prompt}],
```

```
            options={"temperature": temperature}
        )
        # 删除 think 输出
        THINK_END = "</think>"
        result= response['message']['content'].split(THINK_END)[-1].
strip()
        # 输出模型的回复
        return result

    # 设置指令前缀
    def set_scene(self,scene):
        self.__scene='当前'+scene+'场景，'

    # 获取指令前缀
    def get_scene(self):
        return self.__scene

    # 输入的内容能否转为 int
    def can_convert_to_int(self,s):
        try:
            int(s)
            return True
        except ValueError:
            return False
```

这段代码定义了一个名为 comm 的类，主要用于与 DeepSeek-R1 32B 模型进行交互，并管理用户选择的场景指令前缀。以下是代码的主要功能说明。

- __scene 变量：用于存储用户选择的场景（如商务、旅游、日常、求职、校园）指令的前缀。
- call_deepseek_r1_7b() 方法：用于调用 DeepSeek-R1 32B 模型生成对话。它接收两个参数，prompt 表示用户输入的提示信息；temperature 表示控制生成文本的随机性，默认值为 0.7。该方法内部创建了一个 ollama.Client() 实例作为客户端，通过 client.chat() 方法向模型发送请求，并返回模型生成的内容。
- set_scene() 方法：用于设置场景指令前缀。接收一个参数 scene（如“商务”

或“旅游”），并将其格式化为“当前+scene+场景，”的形式，存储在__scene 变量中。

- get_scene() 方法：用于返回当前设置的场景指令前缀。
- can_convert_to_int() 方法：用于检查输入的字符串是否可以转换为整数。如果可以转换，返回 True；否则返回 False。

#### 2. 实现单词互译功能（word.py）

word.py 文件用来实现单词的汉译英和英译汉功能，通过一问一答的方式帮助用户学习单词。在使用该文件时，用户首先选择要执行的翻译功能，具体可以选择“英译汉”或“汉译英”两种功能。此外，用户还可以指定翻译练习的轮数，即决定进行多少轮单词翻译练习。

在完成设置后，程序将根据用户指定的执行轮数、翻译功能以及设定的场景模式，进行一问一答的互动式操作。在每一轮中，程序会输出一个汉语或英语单词，具体取决于用户选择的功能。例如，在选择“英译汉”功能时，程序会输出一个英文单词，用户需要输入其中文翻译；而在选择“汉译英”功能下，则程序会提供一个中文单词，用户需将其翻译成英文。当用户输入自己的翻译结果后，程序将判断答案的正确性。如果用户输入的翻译错误，程序会输出正确的翻译，并进入下一轮。

在 word.py 文件中，首先定义了一个名为 Word 的类，该类包含 start() 方法和 execute() 方法。其中，start() 方法作为 Word 类的入口，负责初始化类的基本功能，并启动相应的流程；execute() 方法则是 Word 类的业务核心，负责执行具体的业务逻辑，代码如下所示。

```
# word.py
from comm import comm
class Word:
    com=comm()
    # 入口方法
    def start(self):
        pass

    # 业务方法
    def execute(self,choisType,round):
        pass
```

接下来，在 start() 方法中补充具体的逻辑。首先，start() 方法会向用户展示一个提示信息，要求用户选择翻译功能。提示内容包括两项选择：1. 英译汉，2. 汉译英。用户通过输入 1 或 2 来选择相应的功能。当用户选择完毕后，start() 方法会接收用户输入的数字，并根据输入值执行相应的转换操作，将数字转换为对应的翻译功能名称（如“英译汉”或“汉译英”）。接着，提示用户输入要执行的轮数，并接收用户输入的值。最后，把转换后的翻译功能名称和执行的轮数传递给 execute() 方法，作为参数进行进一步处理，代码如下所示。

```
# word.py
def start(self):
    chois=''
    round=''
    while(True):
        print("请输入执行的功能：\r\n1.英译汉\r\n2.汉译英")
        chois=input()
        if self.com.can_convert_to_int(chois):
            break
        else:
            print("必须是数字")

    while(True):
        print("请输入执行的轮数：")
        round=input()
        if self.com.can_convert_to_int(round):
            break
        else:
            print("必须是数字")

    choisType=''
    if chois=='1':
        choisType='英译汉'
    elif chois=='2':
        choisType='汉译英'
    else:
        print('功能不存在')
        return -1
```

```
        self.execute(choisType,round)
```

然后，在 execute() 方法中实现多轮翻译功能的核心逻辑流程。execute() 方法接收翻译功能名称与轮数参数，通过循环结构控制执行轮数。根据用户选择的翻译功能（"英译汉"或"汉译英"），动态构建差异化的提示词模板，调用下层模型生成目标词汇。在每轮交互中，程序按照固定格式输出题干，采集用户输入的翻译答案，并二次调用模型进行答案校验。execute() 方法通过字符串拼接方式构建验证提示，直接将用户输入的答案与原始词汇进行关联验证，这种设计实现了自动批改功能。同时 call() 方法作为基础服务层，承担着与模型交互的关键职责。call() 方法将接收的提示消息直接转发至 comm 类的 call_deepseek_r1_7b() 方法，代码如下所示。

```
# word.py
def execute(self,choisType,round):
    scene=self.com.get_scene()
    message=scene+'生成'
    round=int(round)
    for i in range(0,round):
        if choisType=='英译汉':
            message+='一个英文单词，只输出单词'
            word=self.call(message)
            print('第'+str(i+1)+'轮\r\n请问：'+word+'的意思是')
            answer=input()
            result=self.call(word+'的中文是'+answer+'，是否正确？')
            print(result)
        elif choisType=='汉译英':
            message+='一个汉语单词，只输出单词'
            word=self.call(message)
            print('第'+str(i+1)+'轮\r\n请问：'+word+'的意思是')
            answer=input()
            result=self.call(word+'的英文是'+answer+'，是否正确？')
            print(result)

def call(self,message):
```

```
        result= self.com.call_deepseek_r1_7b(message)
        return result
```

3. 实现场景对话功能（dialogue.py）

dialogue.py 文件通过模拟真实的对话场景帮助用户提高交流能力，即根据用户选择的场景自动生成相关的对话内容，并简要描述场景背景，以帮助用户更好地理解对话的环境和目的。接下来将引导用户进行对话练习。

首先，在 dialogue.py 文件中添加一个名为 Dialogue 的类，并在其中定义 start() 方法和 call() 方法。这两个方法将作为 dialogue.py 文件的入口方法和基础服务层，与 word.py 文件中的 start() 方法和 call() 方法的作用相似，代码如下所示。

```
# dialogue.py
from comm import comm
class Dialogue:
    com=comm()
    #入口方法
    def start(self):
        pass

    #业务方法
    def call(self,message):
        result= self.com.call_deepseek_r1_7b(message)
        return result
```

接着，在 start() 方法中获取当前的场景并构造一个包含该场景描述的简短对话消息。该消息应以中文形式简要描述场景，并用于开始与用户进行英语对话。在对话结束后，程序应输出“对话结束”，代码如下所示。

```
# dialogue.py
def start(self):
    scene=self.com.get_scene()
    message=scene+'生成对话场景，每次对话要简短，将对话场景用中文描述。'
    result=self.call(message)
    print(result)
    message='开始与我针对这个场景进行英文对话,对话结束后输出‘对话结束’。'
    print(result)
```

```
    while True:
        message=input()
        result=self.call(message)
        print(result)
        if result=='对话结束':
            break
```

在 start() 方法中，首先，调用 com.get_scene() 方法来获取当前场景并将其存储在变量 scene 中。然后，拼接出一个 message 字符串，这个消息包含了对话场景的描述，要求生成一个简短的对话，每次对话都用中文描述场景。接着，开启与用户进行场景对话，并在对话结束后输出"对话结束"。再调用 self.call() 方法将这个消息传递给外部处理，并打印出来。最后，进入一个 while 循环等待用户输入。每次用户输入后，调用 self.call() 方法处理该输入并输出结果。

**4. 实现写作功能（writing.py）**

writing.py 文件可以根据不同场景自动生成题目，并对用户输入的内容进行评估。用户完成写作后，模型将从内容完整性、语言准确性和逻辑严谨性三个方面进行评分，并提供分数反馈，同时指出文章中不准确的语句或单词。

同样，在 writing.py 文件中先添加一个 Writing 类，然后添加 start() 方法和 call() 方法，代码如下所示。

```
# writing.py
from comm import comm
class Writing:
    com=comm()
    # 入口方法
    def start(self):
        pass

    # 业务方法
    def call(self,message):
        result= self.com.call_deepseek_r1_7b(message)
        return result
```

接着，实现 start() 方法的逻辑。自动生成写作题目并对用户输入的内容进行分析和评分。首先，系统需要获取与当前场景相关的背景信息，该信息将用于生成与该场景匹配的写作题目。生成的题目需要通过系统与外部服务或模型交互来获得，并以清晰的方式提供给用户。

接下来，用户可以基于生成的题目输入自己的文本，系统需要对用户输入的内容进行详细评估，评分标准包括内容的完整性、语言的准确性以及逻辑的严谨性。同时，系统还应能够识别并指出用户文本中存在的不准确语句或单词。最后，系统要输出评分结果，并提供改进建议，代码如下所示。

```
# writing.py
def start(self):
      scene=self.com.get_scene()
      message=scene+'生成写作题目'
      result=self.call(message)
      print('写作题目：'+result)
      message=input()
      message='从内容完整性、语言准确性和逻辑严谨性方面对以下内容进行评分，
指出文章中不准确的语句或单词。'+message
      result=self.call(message)
      print(result)
```

### 5. 实现主程序功能（main.py）

main.py 文件作为程序的入口点，负责根据用户输入调用不同的功能。它接收两个输入参数：场景和功能，并根据这些输入动态选择并执行相应的功能逻辑。通过这种方式，main.py 实现了对程序整体流程的协调与控制，确保用户能够根据需求灵活选择场景和功能进行操作，代码如下所示。

```
# main.py
from dialogue import Dialogue
from word import Word
from writing import Writing
from comm import comm

if __name__ == '__main__':
    print('请选择场景：\r\n1.商务\r\n2.旅游\r\n3.日常\r\n4.求职\r\n5.
校园')
    scene=input()
    print('请选择功能：\r\n1.英汉互译\r\n2.对话练习\r\n3.写作练习')
    fun=input()
```

```
com=comm()
if scene=='1':
    com.set_scene('商务')
elif scene=='2':
    com.set_scene('旅游')
elif scene=='3':
    com.set_scene('日常')
elif scene=='4':
    com.set_scene('求职')
elif scene=='5':
    com.set_scene('校园')
else:
    print('场景不存在')
    exit()

if fun=='1':
    word=Word()
    word.start()
elif fun=='2':
    dialogue=Dialogue()
    dialogue.start()
elif fun=='3':
    wr=Writing()
    wr.start()
else:
    print('功能不存在')
    exit()
```

这段代码目的是实现一个简单的交互式程序，用户可以根据不同场景和功能选择不同的练习模式，程序根据用户的选择执行相应的操作。

首先，程序提示用户选择场景。场景选项包括商务、旅游、日常、求职和校园五个类型，用户输入数字来选择相应的场景。当用户选择场景后，程序将根据用户的选择调用 com.set_scene() 方法设置场景。

然后，程序打印另一个提示让用户选择功能。功能选项包括英汉互译、对话练习和写作练习，用户通过输入数字来选择自己想要的功能。如果用户选择“英汉互译”，程序将实例化 Word 类并调用其 start() 方法，进行英汉互译练习；如果选择“对话练习”，程序将实例化 Dialogue 类并调用其 start() 方法，执行对话练习功能；如果选择“写作练习”，程序将实例化 Writing 类并调用其 start() 方法，启动写作练习。

如果用户输入的场景或功能不在预定的选项范围内，程序会打印错误提示并终止执行。通过这样的设计，程序为用户提供了一个简易的互动界面，根据不同的场景和功能来调用不同的练习内容，使用户能够根据自己的需求选择合适的学习方式。

最后，验证程序是否能够正常运行。打开云平台的终端面板，输入指令“python .\main.py”，然后依次输入场景、功能以及要执行的操作，按回车键确认。等待几秒后，控制台将输出执行结果，如图 4.15 所示。

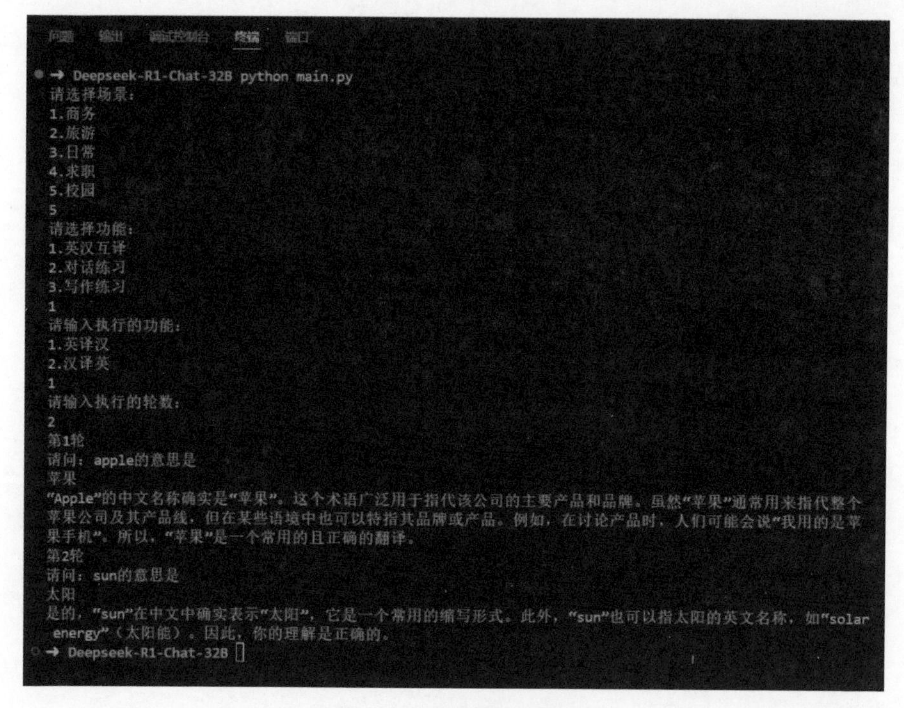


图 4.15　操作执行结果

以上就是在云平台上部署 DeepSeek 模型，开发一款英语学习助手的全部流程，用户可以在此基础上继续完善相关功能。

## 4.3 本章小结

本章围绕 DeepSeek 的云平台部署与项目实战展开，首先详细介绍了 DeepSeek 在云平台上的部署方式，包括使用指令部署和一键部署两种高效便捷的模型部署方法,并通过云平台部署案例验证部署的可行性和稳定性。然后以“英语学习助手”项目实战为核心，从项目概述到需求分析，再到代码实现，完整展示了如何利用 DeepSeek 云平台开发一个实用的 AI 应用。本章采用理论与实践相结合的方式，不仅提供了云平台部署的详细指导，还通过实战项目帮助读者深入理解 DeepSeek 在云平台的应用场景和技术优势，为开发者构建高效、灵活的 AI 解决方案提供了有力支持。

# 第 5 章　DeepSeek 高级进阶

在当今科技高速发展的时代，深度学习技术已成为推动众多领域进步的关键力量。DeepSeek 作为深度学习领域备受瞩目的模型体系，学习和了解它的深度学习模型的基本构成和结构，不仅有助于应用模型解决实际问题，还能优化性能、降低风险、提升创新能力，并为未来的技术发展奠定基础。

## 5.1 DeepSeek API 的使用

在深入使用 DeepSeek 之前，了解其 API 的结构和功能是至关重要的。API（Application Programming Interface，应用程序编程接口）是软件与组件之间交互的桥梁，通过 API，开发者能够轻松调用其强大的功能，从而在自己的项目中实现深度学习模型的构建和应用。本节将概述 DeepSeek API 的使用，帮助读者通过这些工具来提升工作效率和模型的性能。

### 5.1.1 初识 API

API 的使用就类比人们平时使用手机进行网络购物。手机购物下单仓库出货示意图如图 5.1 所示。

- 用户：购物者（发出购买请求）。
- 购物平台（API）：接收购买请求并将订单传递给仓库（后端），然后将仓库处理好的商品（数据）发送给用户。
- 仓库（后端）：根据请求准备商品（生成结果）。

在这个过程中，购物平台就像是 API，负责连接用户和仓库；购买请求就像是 API 请求数据；仓库准备商品就像是接收数据。

图 5.1　手机购物下单仓库出货示意图

## 5.1.2　DeepSeek API 集成

DeepSeek 作为一个功能强大的 AI 平台，其 API 接口为开发者提供了丰富的功能，使得用户可以在自己的应用或代码中集成 DeepSeek 的智能能力。以下是使用 DeepSeek API 的详细步骤。

### 1. 注册与获取 API keys

首先，访问 DeepSeek 的【API 开放平台】并完成注册。注册成功后，在平台的左侧栏中找到【API keys】选项，如图 5.2 所示。

图 5.2　DeepSeek API 开放平台界面

然后，单击【API keys】选项，打开创建 API keys 界面，如图 5.3 所示。

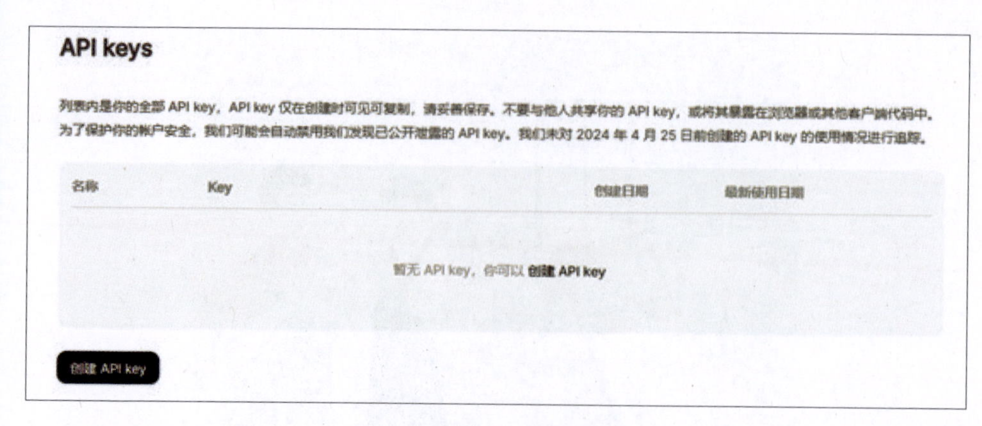


图 5.3　创建 API keys 界面

接着，单击【创建 API key】按钮，输入名称后即可完成创建。创建完成后，用户可将这个 API key 复制并保存在一个安全且易于访问的地方。

注意：出于安全原因，用户将无法通过 DeepSeek 的【API 开放平台】管理界面再次查看这个 key，如果丢失则需要重新创建。

### 2. 阅读 API 文档

DeepSeek 的官方 API 文档是理解和使用 API 的关键，用户可以在官网【API 开放平台】界面中找到【接口文档】选项，如图 5.4 所示。

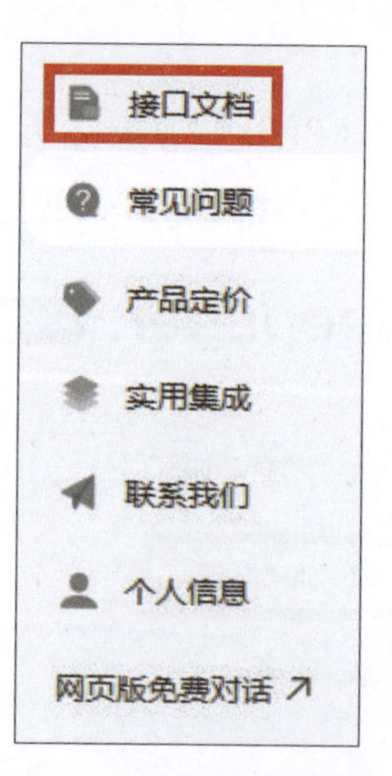


图 5.4　DeepSeek API 开放平台界面（接口文档）

接口文档中详细描述了 API 的端点、请求参数、响应格式等，是开发过程中不可或缺的参考资料。

### 3. 安装必要的工具

如果用户通过编程方式调用 DeepSeek API，则需要安装相应的编程环境和依赖库。例如，如果用户使用 Python，则需要安装 requests 库来发送 HTTP 请求。另外，开发环境需要安装 Python 3.7 及以上版本，并使用 pip 安装 DeepSeek SDK。命令如下：

```
pip install deepseek-sdk
```

### 4. 调用 DeepSeek API

调用 DeepSeek API 通常涉及发送 HTTP 请求到指定的端点，并在请求中包含用户的 API 密钥、模型名称和请求参数。

### 5. 处理响应

DeepSeek API 的响应通常包含 JSON 格式的数据，用户需要解析这些数据以获取所需的信息。例如，对话 API 的响应可能包含 AI 生成的回答，用户可以根据需要对这些回答进行处理。

### 6. 第三方集成

DeepSeek 除了与常用工具结合使用外，还支持通过 API 集成到第三方软件中直接使用，如图 5.5 所示。

图 5.5　DeepSeek API 开放平台界面（实用集成）

单击【实用集成】选项，打开第三方集成的选择界面，如图 5.6 所示。

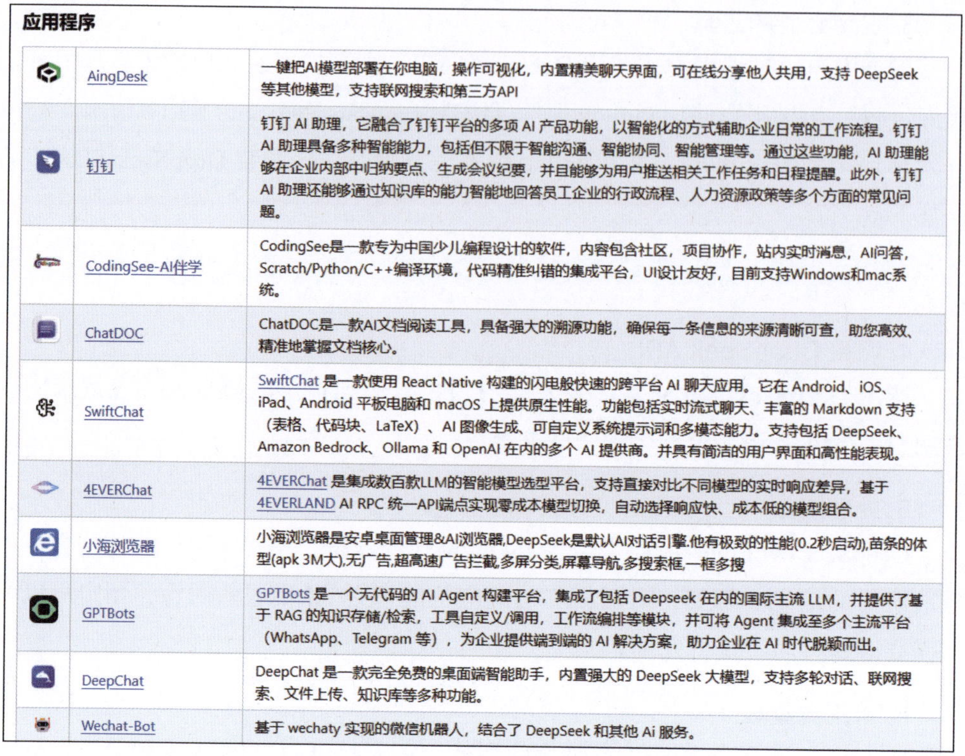

应用程序

| | | |
|---|---|---|
| | AingDesk | 一键把AI模型部署在你电脑，操作可视化，内置精美聊天界面，可在线分享他人共用，支持 DeepSeek 等其他模型，支持联网搜索和第三方API |
| | 钉钉 | 钉钉 AI 助理，它融合了钉钉平台的多项 AI 产品功能，以智能化的方式辅助企业日常的工作流程。钉钉 AI 助理具备多种智能能力，包括但不限于智能沟通、智能协同、智能管理等。通过这些功能，AI 助理能够在企业内部中归纳要点、生成会议纪要，并且能够为用户推送相关工作任务和日程提醒。此外，钉钉 AI 助理还能够通过知识库的能力智能地回答员工企业的行政流程、人力资源政策等多个方面的常见问题。 |
| | CodingSee-AI伴学 | CodingSee是一款专为中国少儿编程设计的软件，内容包含社区，项目协作，站内实时消息，AI问答，Scratch/Python/C++编译环境，代码精准纠错的集成平台，UI设计友好，目前支持Windows和mac系统。 |
| | ChatDOC | ChatDOC是一款AI文档阅读工具，具备强大的溯源功能，确保每一条信息的来源清晰可查，助您高效、精准地掌握文档核心。 |
| | SwiftChat | SwiftChat 是一款使用 React Native 构建的闪电般快速的跨平台 AI 聊天应用。它在 Android、iOS、iPad、Android 平板电脑和 macOS 上提供原生性能。功能包括实时流式聊天、丰富的 Markdown 支持（表格、代码块、LaTeX）、AI 图像生成、可自定义系统提示词和多模态能力。支持包括 DeepSeek、Amazon Bedrock、Ollama 和 OpenAI 在内的多个 AI 提供商。并具有简洁的用户界面和高性能表现。 |
| | 4EVERChat | 4EVERChat 是集成数百款LLM的智能模型选型平台，支持直接对比不同模型的实时响应差异，基于 4EVERLAND AI RPC 统一API端点实现零成本模型切换，自动选择响应快、成本低的模型组合。 |
| | 小海浏览器 | 小海浏览器是安卓桌面管理&AI浏览器,DeepSeek是默认AI对话引擎.他有极致的性能(0.2秒启动),苗条的体型(apk 3M大),无广告,超高速广告拦截,多屏分类,屏幕导航,多搜索框,一框多搜 |
| | GPTBots | GPTBots 是一个无代码的 AI Agent 构建平台，集成了包括 Deepseek 在内的国际主流 LLM，并提供了基于 RAG 的知识存储/检索，工具自定义/调用，工作流编排等模块，并可将 Agent 集成至多个主流平台（WhatsApp、Telegram 等），为企业提供端到端的 AI 解决方案，助力企业在 AI 时代脱颖而出。 |
| | DeepChat | DeepChat 是一款完全免费的桌面端智能助手，内置强大的 DeepSeek 大模型，支持多轮对话、联网搜索、文件上传、知识库等多种功能。 |
| | Wechat-Bot | 基于 wechaty 实现的微信机器人，结合了 DeepSeek 和其他 Ai 服务。 |

图 5.6　实用集成选择界面

单击图 5.6 中的任意功能选项，会打开该功能的 API 接入文档。用户可以通过这个文档获取详细的调用方式和接口说明，将 DeepSeek 的功能集成到自己的应用程序中。

**注意：**

由于系统更新可能导致集成失效，建议定期检查 API 文档以获取最新信息。本书中不展开详细讲解，感兴趣的读者可以自行学习和使用。

通过上述步骤，用户不仅能够成功调用 DeepSeek API，在自己的应用或代码中集成 DeepSeek 的智能能力，还能轻松地将这些先进的 AI 功能嵌入到第三方应用程序中。无论是构建新的服务还是增强现有平台的功能，开发者都可以利用 DeepSeek 的强大功能来提升产品的智能化水平，实现更加复杂和个性化的用户体验。

## 5.2 DeepSeek 模型的基本概念

DeepSeek 作为国产大模型的杰出代表，其深度学习模型的研究与应用备受关注。深入学习和了解 DeepSeek 深度学习模型的基本构成与结构，不仅有助于读者更高效地运用模型解决实际问题，还能在性能优化、风险降低以及创新能力提升等方面发挥积极作用，为未来技术的持续发展筑牢根基。因此，对于开发者、研究者以及企业而言，掌握 DeepSeek 模型相关知识具有显著的实际意义和战略价值。

### 5.2.1 模型的核心架构

DeepSeek 以 Transformer 为基础框架，创新性地融合了混合专家模型（Mixture of Experts，MoE）与多头潜在注意力（Multi-Head Latent Attention，MLA）机制，构建起高效且灵活的模型结构体系。

#### 1. MoE 架构

- 动态任务分配：模型内部设置了多个“专家模块”。例如，DeepSeek-V3 包含数千个专家模块，每个专家模块擅长处理特定类型的任务，如文本生成、逻辑推理等。通过门控网络（Gating Network），DeepSeek 能够实时动态地选择激活的专家模块，从而有效减少冗余计算。例如，DeepSeek-V2（拥有 2360 亿参数）通过动态专家路由机制，在处理每个输入 token 时，平均仅激活 210 亿参数（占总参数的 8.9%），依据《DeepSeek-V2 技术白皮书》（2023 年）的实验数据，这一设计使得计算资源消耗降低了 80% 以上；DeepSeek-V3（6710 亿参数）激活 370 亿参数，相较于传统密集模型节省了 80% 的计算资源。
- 参数激活控制：采用稀疏计算策略，单输入仅激活 2/8 专家模块，在保持模型容量的同时，能够减少约 75% 的计算量。

#### 2. MLA 机制

- 多粒度注意力：MLA 机制通过动态分配注意力头，使模型能够同时捕捉长文本的全局依赖和局部细节，如在对话中准确把握上下文内容的关联。
- 低延迟优化：通过压缩潜在空间维度，MLA 将注意力计算复杂度从 $O(n^2)$ 降至 $O(n)$，显著提升了长文本的处理速度，长文本推理速度提升 3 倍。

### 5.2.2 DeepSeek 系列模型介绍

DeepSeek 系列典型模型的结构参数与适用场景对比如表 5.1 所示。

表 5.1 DeepSeek 系列典型模型的结构参数与适用场景对比

| 模型版本 | 总参数量 | 激活参数量 | 核心技术 | 典型场景 |
|---|---|---|---|---|
| DeepSeek-V2 | 2360 亿 | 210 亿 | MoE+MLA，支持动态专家选择 | 通用 NLP 任务 |
| DeepSeek-V3 | 6710 亿 | 370 亿 | 增强版 MLA，支持多模态扩展 | 长文本生成、多轮对话 |
| DeepSeek-R1 | 130 亿 | 全激活 | 蒸馏优化版本，低延迟推理 | 边缘设备、实时交互 |
| DeepSeek-Fin | 890 亿 | 120 亿 | 金融领域微调，集成风险预测模块 | 量化交易、财报分析 |

示例：DeepSeek-V3 的推理流程大致分为如下 4 步。

（1）输入处理：文本经过 Tokenizer 分词并嵌入为向量。

（2）专家路由：门控网络根据输入内容选择 2～4 个相关专家。

（3）注意力计算：MLA 模块并行处理长距离依赖和局部特征。

（4）输出生成：动态融合专家结果，生成最终响应（如生成 1000 字技术文档仅需 1.2 s）。

### 5.2.3 什么是大模型

大模型（Large Model）是指参数量巨大、计算复杂度高的深度学习模型，通常包含数十亿甚至数千亿个参数。这些模型通过海量数据进行训练，能够捕捉复杂的模式和规律，具备强大的泛化能力和多任务处理能力。大模型在自然语言处理、计算机视觉等领域表现出色，能够完成诸如文本生成、图像识别、机器翻译等复杂任务。由于其规模和能力，大模型的训练和推理需要大量的计算资源（如 GPU、TPU 等），并且在工业界和学术界推动了 AI 技术的快速发展。

大模型通常具有以下特点。

- 参数量大：参数量可能达到数十亿甚至数千亿（如 GPT-3 有 1750 亿参数）。
- 计算资源需求高：训练和推理需要大量的计算资源（如 GPU、TPU 等）。
- 能力强：大模型通常具有更强的泛化能力和多任务处理能力，能够处理复杂的任务（如自然语言理解、图像生成等）。

- 举例：DeepSeek-V3、GPT-4、BERT 等都是大模型的代表。
- 作用：大模型在自然语言处理、计算机视觉等领域表现出色，能够解决更复杂的问题。

## 5.3 DeepSeek 自定义模型

DeepSeek 自定义模型是其官方推出的企业级 AI 解决方案，该方案以“垂直领域高效定制”为核心目标，基于自主研发的超大规模语言模型体系，通过灵活的模型架构调整与训练策略优化，赋能金融、医疗、法律等行业构建专属 AI 能力，显著降低算力成本与部署门槛。下面介绍 DeepSeek 自定义模型的核心技术、训练与优化策略、应用场景与案例、实施步骤及优势。

### 5.3.1 DeepSeek 自定义模型的核心技术

#### 1. MoE 与稀疏激活机制

- 技术原理：DeepSeek 采用 MoE 架构，将模型参数划分为多个专家模块。每个输入仅激活部分专家模块进行计算，显著降低计算量。例如，DeepSeek-V3 总参数量达 6710 亿，但每个 token 仅激活约 6% 的参数（约 370 亿参数）。
- 优势：通过稀疏激活机制减少计算资源消耗，适合定制化任务。同时可针对不同任务动态选择激活的专家模块，支持自定义模型对特定领域（如图像、文本、代码等）的优化。

#### 2. 动态路由专家系统

- 技术原理：DeepSeek 通过自适应专家选择器（Adaptive Expert Selector，AES）和分层专家集群实现动态路由。其中，AES 根据对话上下文动态选择激活的专家子网络，提升计算资源利用率。分层专家集群用于实现任务分工精细化（如语义理解、知识检索、逻辑推理、风格控制等模块，基于 DeepSeek 官方架构设计）。
- 应用场景：企业或开发者可针对特定需求（如客服对话、代码生成、图像分析）激活对应专家模块，构建垂直领域自定义模型。

### 5.3.2 DeepSeek 自定义模型的训练与优化策略

#### 1. 预训练与微调（Fine-tuning）

（1）预训练阶段：DeepSeek 在大规模多模态数据（文本、图像、语音等）上通过自监督学习学习通用知识。例如，通过遮蔽部分数据（如文本中的单词）预测被遮掩内容，捕捉数据潜在规律。

（2）微调阶段：使用特定任务的标注数据优化模型，提升领域适配性。例如，针对医疗领域可微调模型以增强医学术语理解能力。

#### 2. 强化学习与推理能力优化

- 技术原理：DeepSeek 通过强化学习（RLHF）和思维链（Chain-of-Thought）技术提升推理能力。例如，在新版 DeepSeek-V3 中融合了 R1 模型的训练技术，显著提升数学、代码和推理任务表现。
- 自定义优化：开发者可通过调整强化学习的奖励函数或引入领域特定的推理任务数据，进一步优化模型的推理能力。

#### 3. 分布式训练与硬件优化

- 技术策略：FP8 混合精度训练，使用 8 位浮点数（FP8）降低显存占用，结合英伟达 H800 GPU 的专用计算单元加速训练。
- DualPipe 流水线并行：重叠前向与反向传播，减少 GPU 空闲时间，提升训练效率。
- 成本优势：DeepSeek-V3 的训练成本仅为 GPT-4 的 1/10，适合企业或开发者在有限资源下训练自定义模型。

### 5.3.3 DeepSeek 自定义模型的应用场景与案例

#### 1. 行业垂直领域适配

案例 1：九号公司智能出行场景

九号公司接入 DeepSeek-R1 模型，优化其 App 的图文创作、数据分析、个性化推荐功能，提升用户车辆控制、出行建议等服务体验。

案例 2：黄河水利委员会本地化部署

黄河水利委员会通过 DeepSeek 模型的跨模态学习能力，结合水利领域的专业数据，构建定制化模型，用于水文分析、灾害预测等任务。

#### 2. 开发者自定义功能扩展

- 工具调用与 API 集成：开发者可通过 DeepSeek 的 API 接口（如 DeepSeek-V2 API 定价为输入 1 元 / 百万 token，输出 2 元 / 百万 token）快速集成模型，定制聊天机器人、代码生成器等应用。
- 多模态任务支持：结合图像 + 文本或语音 + 文本处理能力，开发如图像描述生成、语音交互客服等场景化模型。

### 5.3.4 DeepSeek 自定义模型的实施步骤

自定义模型的实施步骤如下：

（1）需求分析：明确应用场景（如客服、医疗、教育等），确定模型需处理的任务类型（文本生成、图像分析、推理等）。

（2）数据准备：收集领域特定数据（如行业文档、对话记录、图像库），并进行清洗与标注。

（3）模型选择与微调：基于 DeepSeek-V3/R1 等开源模型进行微调，或通过动态路由专家系统选择激活对应专家模块。

（4）训练与优化：使用 FP8 混合精度训练和分布式策略降低资源消耗，结合强化学习提升推理能力。

（5）部署与迭代：将自定义模型部署至本地服务器或云端，通过用户反馈持续优化模型表现。

### 5.3.5 DeepSeek 自定义模型的优势

DeepSeek 自定义模型的优势如下：

- 高性价比：训练成本低，适合企业级应用。在预训练阶段，DeepSeek-V3（参数量高达 6710 亿的大模型）仅使用 2048 块 GPU 训练了 2 个月，且只花费 557.6 万美元。其训练成本仅为 GPT-4 的 1/10（基于 DeepSeek 官方披露数据）。
- 灵活性：通过 MoE 架构和动态路由，支持快速适配多领域任务。
- 开源生态：开发者可基于开源模型构建垂直领域模型，降低重复开发成本。

## 5.4 DeepSeek 模型优化

模型优化是机器学习与深度学习中的关键步骤，旨在通过提升预测准确性、训练效率、计算资源利用效率以及泛化能力，显著增强模型性能。通过合理的优化策略与技术手段（如超参数调优、正则化、数据增强等），可以有效改善模型表现并适应多样化应用场景，同时平衡精度、速度与资源消耗之间的关系。

### 5.4.1 模型优化的目标

模型优化的主要目标包括提高准确性、减少过拟合、加快训练速度以及降低计算资源消耗。通过调整模型架构、优化超参数、应用数据增强等方法，可以显著提升模型在验证集和测试集上的性能。

- 提高准确性：提升模型在验证集和测试集上的性能，确保其在实际应用中的可靠性。
- 减少过拟合：通过正则化、数据增强等手段，增强模型在未见数据上的泛化能力。
- 加快训练速度：优化训练过程，减少模型收敛所需的时间，尤其是在处理大规模数据集时。
- 降低计算资源消耗：通过稀疏计算、量化压缩等技术，减少模型推理时的内存和计算需求，使其更适合资源受限的设备（如边缘设备）。

### 5.4.2 模型优化的策略

模型优化的策略主要包括超参数优化、正则化技术和数据增强。这些策略可以单独使用，也可以组合使用，具体选择取决于任务和数据集的特点。例如，在图像分类任务中，通常会结合数据增强和正则化技术，而超参数优化则适用于各种任务。

#### 1. 超参数优化

超参数是模型训练前设置的参数，如学习率、批量大小、正则化系数等。优化超参数可以显著提升模型性能，以下列举了三种优化方法。

- 网格搜索：系统地遍历多组超参数组合，寻找最优配置，适合超参数空间较小的情况。

- 随机搜索：随机选择超参数组合，比网格搜索更高效，适合超参数空间较大的场景。
- 贝叶斯优化：通过构建概率模型，智能地探索超参数空间，快速找到最优解。

**2. 正则化技术**

正则化是防止模型过拟合的重要手段，常见方法包括以下三种。

- L1 正则化：通过加入权重的绝对值和，减少不重要的特征，增强模型的稀疏性。
- L2 正则化：通过加入权重的平方和，降低模型复杂度，防止过拟合。
- Dropout：在训练过程中随机忽略部分神经元，迫使模型学习更鲁棒的特征。

**3. 数据增强**

数据增强通过对训练数据进行变换，生成新的样本，提升模型的泛化能力。

- 图像数据增强：包括翻转、旋转、缩放、裁剪等，常用于计算机视觉任务。
- 文本数据增强：如同义词替换、随机插入、删除等，适用于自然语言处理任务。

### 5.4.3 模型训练技巧

在深度学习模型训练中，训练技巧的运用至关重要。通过合理调整学习率，可以有效加速模型收敛并提升性能，常见的方法包括学习率衰减或使用自适应优化器。此外，提前停止是一种防止过拟合的有效策略，通过监控验证集性能，在模型性能不再提升时提前终止训练。对于大规模数据集和复杂模型，分布式训练可以显著加速训练过程，通过并行计算充分利用硬件资源。综合运用这些方法，能够显著提升模型训练效率和最终性能。

- 学习率调整：学习率是影响模型收敛速度和效果的关键超参数。学习率衰减是一种常用的策略，通过在训练过程中逐渐降低学习率，帮助模型在接近最优解时进行更精细的调整。此外，自适应学习率算法（如 Adam、RMSprop 等）能够根据梯度的一阶和二阶矩动态调整学习率，进一步提升训练效率和模型性能。
- 提前停止：提前停止是一种防止过拟合的有效方法。通过监控验证集上的性能，当模型在验证集上的表现不再提升甚至开始下降时，提前终止训练过程，从而保留最佳的模型权重。

- **分布式训练**：对于大规模数据集和复杂模型，分布式训练是一种高效的策略。通过利用多 GPU 或多节点的计算资源，可以显著加速训练过程，同时支持更大规模的模型训练。

### 5.4.4 模型架构优化

在深度学习模型的设计与优化中，模型架构优化是提升性能的核心，通过调整网络层数、宽度或引入新颖的结构（如注意力机制）来增强模型能力。深度调整则进一步优化模型的层次结构，确保其在复杂性和效率之间取得平衡。为了减少模型的计算负担，剪枝技术被广泛应用，通过移除冗余的神经元或连接来压缩模型规模。此外，使用预训练模型可以显著加速训练过程并提升性能，尤其是在数据有限的情况下。这些方法的综合运用，能够显著提升模型的性能、效率和泛化能力。

#### 1. 深度调整

增加模型的层数或每层的神经元数量可能提升模型的表达能力，但也可能导致过拟合问题。因此，在调整模型深度时，需要结合正则化技术（如 Dropout、L2 正则化）来平衡模型的复杂性与泛化能力。

#### 2. 剪枝

剪枝是一种模型压缩技术，通过去掉不必要的神经元或连接，简化模型结构，从而降低计算复杂度并提高推理速度。剪枝后的模型在保持较高性能的同时，能够更高效地部署在资源受限的设备上。

#### 3. 使用预训练模型

迁移学习是一种高效的优化策略，通过在大规模数据集上预训练的模型（如 DeepSeek-V3），可以在目标任务上快速实现高性能。这种方法尤其适用于小数据集场景，能够显著加快训练速度并提升模型准确性。

## 5.5 DeepSeek 数据处理

在深度学习领域，数据是模型训练的基石，而数据处理则是确保模型性能的关键环节。无论是图像识别、自然语言处理还是其他复杂的机器学习任务，数据的质量、结构和处理方式都直接影响模型的最终表现。数据处理是使用 DeepSeek 模型 API 的重要前提，规范化的数据能提升模型推理效果。要充分发挥其潜力，用户需确保数据经过严格处理（包括收集、清洗、转换等环节）。

### 5.5.1 数据处理的重要性

在任何深度学习项目中，数据处理是确保模型有效性的关键步骤。良好的数据处理不仅可以提高模型的性能，还可以减少训练时间，避免过拟合，并使得模型更具鲁棒性。因此，理解和掌握数据处理的各个环节，对于使用 DeepSeek 进行模型开发至关重要。

### 5.5.2 数据收集

数据处理的第一步是数据收集。根据项目的不同需求，用户可以通过以下几种方式获取数据。

- 公开数据集：许多领域都有广泛的公开数据集，如 Kaggle、UCI Machine Learning Repository、ImageNet 等，用户可以直接下载并使用这些数据集。
- 自定义数据收集：在某些情况下，公开数据集可能无法完全满足需求，用户可以通过网络爬虫工具（如 Scrapy、BeautifulSoup 等）从互联网收集数据。
- 传感器数据：在物联网应用中，数据可能来自于各种传感器。这些数据通常是通过特定的接口实时记录的。

### 5.5.3 数据清洗

数据收集完成后，常常会面临数据不完整、错误或冗余等问题。数据清洗是这一环节的重点，常见的数据清洗步骤如下。

- 去除重复数据：使用函数或工具检测并去除重复记录。
- 处理缺失值：对于缺失的数据，可以采用删除、插值或填充等方法来处理。具体操作要视数据的性质而定。
- 异常值检测：利用统计分析方法（如 Z-score 或 IQR）检测并处理异常值，以避免对模型训练产生影响。

### 5.5.4 数据转换

数据转换是在数据清洗后进行的一系列操作，目的是将数据转换成模型可接收的格式。常见的数据转换步骤如下。

- **特征提取：** 从原始数据中提取有用的特征，使模型能够更好地进行学习。例如，在文本数据处理中，可以利用 TF-IDF、Word2Vec 等技术提取重要特征。
- **数据编码：** 对于分类特征，可以使用独热编码（One-Hot Encoding）或标签编码（Label Encoding）将其转换为数字形式，方便模型处理。
- **归一化与标准化：** 通过对数据进行归一化（将数据缩放到特定范围）或标准化（将数据转化为均值为 0 和标准差为 1 的分布），确保不同特征之间的比较具有意义。

### 5.5.5 数据集划分

在模型训练之前，需要将数据划分为训练集、验证集和测试集。

- **训练集：** 用于训练模型。
- **验证集：** 用于在训练过程中调优模型参数，评估模型的性能。
- **测试集：** 用于在训练完成后评估模型的最终性能，确保模型的泛化能力。

通常，常见的划分比例为 70% 用于训练集，15% 用于验证集，15% 用于测试集。但具体比例可根据数据集的大小及模型任务的需求进行调整。

### 5.5.6 数据增强

在深度学习应用中，数据增强是一种常用的技术，尤其在图像处理任务中。其目的是通过对训练数据进行变换，生成新的样本，以增强模型的泛化能力。常见的数据增强技术如下。

- **图像增强：** 旋转、翻转、缩放、裁剪、色彩调整等操作。
- **文本增强：** 同义词替换、随机删除、随机插入等方法。

通过数据增强，用户可以有效扩增训练数据，降低模型的过拟合风险。

### 5.5.7 数据处理方法

DeepSeek 提供了多种工具和 API 来简化数据处理过程，以便用户方便地完成数据的准备工作。

- **数据加载：** DeepSeek 支持多种数据格式（如 CSV、JSON、SQL 等）的加载，用户可以使用相应的 API 快速导入数据。
- **数据清洗：** DeepSeek 提供去重、填充缺失值、数据类型转换等功能。

- 数据分析：DeepSeek 常用的数据分析命令包括描述性统计、回归分析、聚类分析等。

数据处理是 DeepSeek 模型开发中不可或缺的一环。通过合理的数据收集、清洗、转换及增强，不仅可以提高模型的训练效果，还能提升模型在真实场景中的性能。掌握数据处理的技能，不仅能帮助用户更好地使用 DeepSeek，还能为深入理解深度学习提供坚实的基础。

## 5.6 DeepSeek 推理模型

deepseek-reasoner 是 DeepSeek 推出的一款先进推理模型，旨在通过输出一段思维链内容来提升最终答案的准确性。该模型在生成最终回答之前，会先进行一系列逻辑推导或分析步骤，这些步骤被记录为思维链内容，并作为独立字段返回给用户。这不仅增强了结果的透明度，还为知识蒸馏、对话系统改进等多种应用提供了可能性。

### 1.API 参数详解

为了充分发挥 deepseek-reasoner 的潜力，用户需详细了解并正确配置其 API 参数。

- max_tokens：定义了最终回答的最大长度，默认值为 4K tokens，最大可达 8K tokens。需要注意的是，思维链的长度可以达到 32K tokens，未来将引入专门控制这一部分长度的参数（reasoning_effort）。
- reasoning_content：与最终回答同级，包含了模型的思维过程和逻辑推理路径。此字段允许用户查看模型如何得出结论，对于理解模型决策过程至关重要。
- content：模型给出的最终回答。
- 上下文长度：API 支持的最大上下文长度为 64K tokens，其中 reasoning_content 的长度不计入此限制内。
- 支持的功能：包括对话补全和对话前缀续写（Beta 版）。此外，还特别强调了对特定功能的支持情况，如 Function Call、Json Output、FIM 补全等目前不被支持。
- 不支持的参数：虽然某些参数（如 temperature、top_p 等）可以设置，但不会生效；而设置 logprobs、top_logprobs 会导致错误。

### 2. 上下文拼接规则

在多轮对话中，deepseek-reasoner 对上下文的处理有特定规则。每一轮对话后，模型产生的 reasoning_content 不会自动拼接到下一轮对话的上下文中。这意味着，在准备下一轮请求时，应仅包含先前轮次中的 content 字段，而非 reasoning_content，否则将导致 400 错误。

### 3. 访问案例

下面用一个 Python 示例代码，展示如何使用 deepseek-reasoner 进行非流式交互。具体代码如下所示。

```
Python
from openai import OpenAI        # 导入 OpenAI 库中的 OpenAI 类
import logging                   # 导入 logging 库，用于日志记录

# 配置日志记录，设置日志级别为 INFO 并设置日志格式
logging.basicConfig(level=logging.INFO, format='%(asctime)s - %(levelname)s - %(message)s')

def initialize_client(api_key):
    """
    初始化 OpenAI 客户端
    :param api_key: DeepSeek API 密钥
    :return: OpenAI 客户端实例
    """
    try:
        client = OpenAI(api_key=api_key, base_url="https://api.deepseek.com")
        # 创建 OpenAI 客户端实例并配置 API 密钥和基础 URL
        logging.info(" 客户端初始化成功 ") # 记录客户端初始化成功的日志信息
        return client                     # 返回 OpenAI 客户端实例
    except Exception as e:
        # 记录客户端初始化失败的日志信息
        logging.error(f" 客户端初始化失败 : {e}")
        raise  # 抛出异常

def get_model_response(client, messages):
    """
```

```
    向 DeepSeek-Reasoner 发送请求并获取响应
    :param client: OpenAI 客户端实例
    :param messages: 消息列表
    :return: 模型的响应
    """
    try:
        # 使用 client.chat.completions.create 方法向 deepseek-reasoner 模型
        # 发送请求
        response = client.chat.completions.create(
            model="deepseek-reasoner", # 指定模型名称为 "deepseek-reasoner"
            messages=messages          # 传递消息列表
        )
        logging.info(" 请求成功 ")                    # 记录请求成功的日志信息
        return response                              # 返回模型的响应
    except Exception as e:
        logging.error(f" 请求失败 : {e}")            # 记录请求失败的日志信息
        raise  # 抛出异常

def extract_response_data(response):
    """
    从响应中提取思维链内容和最终回答
    :param response: 模型的响应
    :return: 思维链内容 (reasoning_content), 最终回答 (content)
    """
    try:
        # 提取思维链内容
        reasoning_content = response.choices[0].message.reasoning_
content
        content = response.choices[0].message.content  # 提取最终回答
        logging.info(" 响应数据提取成功 ")  # 记录响应数据提取成功的日志信息
        return reasoning_content, content  # 返回思维链内容和最终回答
    except Exception as e:
        # 记录响应数据提取失败的日志信息
        logging.error(f" 响应数据提取失败 : {e}")
        raise  # 抛出异常
```

```
def main():
    # 替换为用户的 DeepSeek API 密钥
    api_key = "<your key>"  # 设置 DeepSeek API 密钥

    # 初始化客户端
    # 调用 initialize_client 函数初始化客户端
    client = initialize_client(api_key)

    # 第一轮对话
     messages = [{"role": "user", "content": "9.11 and 9.8, which is greater?"}] # 构建第一轮对话的消息列表
    # 调用 get_model_response 函数发送请求并获取响应
    response = get_model_response(client, messages)
    # 提取思维链内容和最终回答
    # 调用 extract_response_data 函数提取思维链内容和最终回答
    reasoning_content, content = extract_response_data(response)
    # 记录第一轮思维链内容的日志信息
    logging.info(f"第一轮思维链内容：{reasoning_content}")
    # 记录第一轮最终回答的日志信息
    logging.info(f"第一轮最终回答：{content}")

    # 第二轮对话
    # 注意：只添加上一轮的最终回答到新的消息列表中
    # 将上一轮的回答作为助手的消息添加到消息列表中
    messages.append({"role": "assistant", "content": content})
    messages.append({"role": "user", "content": "How many Rs are there in the word 'strawberry'?"}) # 添加新的用户消息

    # 调用 get_model_response 函数发送请求并获取响应
    response = get_model_response(client, messages)
    # 提取思维链内容和最终回答
    # 调用 extract_response_data 函数提取思维链内容和最终回答
    reasoning_content, content = extract_response_data(response)
    # 记录第二轮思维链内容的日志信息
    logging.info(f"第二轮思维链内容：{reasoning_content}")
    # 记录第二轮最终回答的日志信息
```

```
        logging.info(f"第二轮最终回答：{content}")

if __name__ == "__main__":
    main() # 如果脚本作为主程序运行，则调用 main 函数
```

在上述示例中，Python 脚本使用 deepseek-reasoner 模型进行多轮对话。具体功能如下：

（1）初始化客户端：创建一个与 DeepSeek API 交互的客户端实例，配置了 API 密钥和基础 URL。

（2）发送请求并获取响应：向 deepseek-reasoner 发送消息列表，并获取模型的响应，在请求中指定了使用的模型名称为 deepseek-reasoner。

（3）提取响应数据：从模型的响应中提取思维链内容（reasoning_content）和最终回答（content）。

（4）主函数：设置 DeepSeek API 密钥并初始化客户端；构建第一轮对话的消息列表，发送请求并获取响应；提取并记录第一轮的思维链内容和最终回答；更新消息列表以包含第一轮的回答，并构建第二轮对话的消息列表；发送第二轮请求并提取、记录第二轮的思维链内容和最终回答。

本节详细介绍了 deepseek-reasoner 的工作原理、API 参数及其使用方法，旨在帮助开发者更好地理解和应用这款强大的推理模型。无论是提高对话系统的表现，还是增强模型解释性，deepseek-reasoner 都提供了一个坚实的基础。

## 5.7 使用 DeepSeek API 实现“法律合同风险分析助手”系统

本案例详细介绍了如何使用 DeepSeek API 调用其底层模型（deepseek-chat），构建一个“法律合同风险分析助手”系统。该系统旨在自动识别合同条款中的潜在法律风险，并为用户提供具体的修改建议。整个过程涵盖从数据准备到模型部署的所有步骤，提供了一个全面且易于跟随的指南，帮助开发者快速启动项目并根据具体业务需求进行定制化开发。

### 1. 案例设计思路

（1）业务场景。

构建“法律合同风险分析助手”系统，以帮助企业在签订和管理合同时降低法律风险。

（2）核心设计点。

- 合同条款类型识别：系统通过发送提示词给 DeepSeek API 调用其底层模型（deepseek-chat）来识别合同条款的类型（如支付延迟、终止条款等）。
- 法律上下文获取：根据识别出的合同条款类型，从预先准备的法律条款知识库中获取相关的法律上下文信息。
- 风险分析：基于获取的法律上下文，DeepSeek API 调用底层模型（deepseek-chat）来分析合同条款中的潜在法律风险，并生成风险点和建议。
- 结果验证与格式化：首先对 API 返回的结果进行验证，确保其符合预期的 JSON 格式；然后将最终的风险分析结果以结构化的字典形式返回，便于后续处理和展示。
- 异常处理：在各个步骤中加入异常处理机制，确保程序在遇到错误时能够优雅地处理并给出有意义的错误信息。
- 命令行接口：提供一个简单的命令行接口，用户可以通过运行脚本来分析特定的合同条款，并查看分析结果。

（3）重点应用技术。

- Python：作为主要编程语言，用于实现整个系统的核心逻辑。
- AsyncIO：提供异步编程的能力，使得 API 调用更加高效，能够处理并发请求。
- DeepSeek SDK（如 AsyncOpenAI 库）：用于调用 DeepSeek API 进行自然语言处理任务，如合同条款类型识别和风险分析。
- Pandas：用于读取和处理 CSV 格式的法律条款知识库。
- Dotenv：用于加载环境变量、管理敏感信息，如 API 密钥。

### 2. 完整案例实现

（1）环境准备。

```bash
pip install openai python-dotenv pandas
```

- openai：用于调用 DeepSeek API。
- python-dotenv：用于加载环境变量。
- pandas：用于读取和处理法律条款知识库（CSV 文件）。

（2）配置文件（.env）。

在项目根目录下创建 .env 文件，包含以下内容：

```
ini
DEEPSEEK_API_KEY=your_api_key_here    # 用户自己的 DeepSeek APIkey
CLAUSE_DB_PATH=./clause_database.csv
```

■ DEEPSEEK_API_KEY：用于身份验证，调用 DeepSeek API。

■ CLAUSE_DB_PATH：用于存储法律条款类型及其对应的法律上下文。

（3）核心代码。

```
Python
import os
import json
import pandas as pd
from openai import AsyncOpenAI
from dotenv import load_dotenv
import asyncio
load_dotenv()
class LegalContractAnalyzer:
    def __init__(self):
        self.client = AsyncOpenAI(
            api_key=os.getenv("DEEPSEEK_API_KEY"),
            base_url="https://api.deepseek.com/v1"
        )
        self.clause_db = pd.read_csv(os.getenv("CLAUSE_DB_PATH"))

    def _get_legal_context(self, clause_type):
        """ 添加异常处理 """
        try:
            context = self.clause_db[self.clause_db['type'] == clause_
type]['context'].values[0]
        except IndexError:
            context = " 相关法律条款未收录 "
        return context

    def validate_analysis(self, analysis):
```

```
        """ 完善校验逻辑 """
        required_keys = ["risk_points", "suggestions"]
        if not all(k in analysis for k in required_keys):
            raise ValueError("Invalid analysis format")
        for point in analysis["risk_points"]:
                if not all(k in point for k in ["position",
"description", "severity"]):
                raise ValueError("Invalid risk_point format")
        return True

    async def analyze_clause(self, text):
        """ 异步优化 """
        try:
            # 第一阶段：合同条款类型识别
            prompt = f""" 识别以下合同条款的类型：
            {text}
            输出 JSON 格式：{{"type": "..."}}"""

            type_res = await self.client.chat.completions.create(
                model="deepseek-chat",
                messages=[{"role": "user", "content": prompt}],
                response_format={"type": "json_object"},
                max_tokens=1000
            )
                clause_type = json.loads(type_res.choices[0].message.
content)["type"]

            # 第二阶段：风险分析
            context = self._get_legal_context(clause_type)
            analysis_prompt = f""" 基于法律上下文：{context}\n 分析条款：
{text}
            输出 JSON 格式：{{
                "risk_points": [{{"position": "", "description": "",
"severity": "low|medium|high"}}],
                "suggestions": [""]
            }}"""
```

```
            analysis_response = await self.client.chat.completions.create(
                model="deepseek-chat",
                messages=[{"role": "user", "content": analysis_prompt}],
                response_format={"type": "json_object"},
                max_tokens=2000
            )
            analysis_data = json.loads(analysis_response.choices[0].message.
content)
            self.validate_analysis(analysis_data)

            return {
                "clause_type": clause_type,
                "legal_context": context,
                "analysis": analysis_data
            }

        except json.JSONDecodeError:
            raise ValueError("API 响应解析失败 ")
        except KeyError as e:
            raise ValueError(f"API 响应缺少必要字段: {str(e)}")
        except Exception as e:
            raise RuntimeError(f" 分析过程中发生错误: {str(e)}")

# 使用示例
async def main():
    analyzer = LegalContractAnalyzer()
    try:
        result = await analyzer.analyze_clause(
            " 买方逾期付款超过 30 日的，卖方有权解除合同并要求赔偿 "
        )
        print(json.dumps(result, indent=2, ensure_ascii=False))
    except Exception as e:
        print(f" 分析失败: {str(e)}")

if __name__ == "__main__":
```

```
    asyncio.run(main())
```

下面对上述示例核心代码的具体运行过程进行讲解。

① 加载环境变量。

```
load_dotenv()
```

从 .env 文件中加载环境变量，包括 DEEPSEEK_API_KEY 和 CLAUSE_DB_PATH。

② 初始化 LegalContractAnalyzer 类。

```
analyzer = LegalContractAnalyzer()
```

创建 LegalContractAnalyzer 类的实例。在 __init__ 方法中，首先，初始化 DeepSeek API 客户端，配置 API 密钥和基础 URL；接着，读取法律条款知识库（clause_database.csv），并将其加载到 pandas DataFrame 中。

③ 调用 analyze_clause() 方法。

```
result = await analyzer.analyze_clause("买方逾期付款超过 30 日的，卖方有权解除合同并要求赔偿")
```

输入一个合同条款文本，调用 analyze_clause() 方法进行分析。

④ 合同条款类型识别。

提示词设计示例代码如下所示。

```
prompt = f"""识别以下合同条款的类型：
{text}
输出 JSON 格式：{{"type": "..."}}"""
```

上述示例提示模型识别合同条款的类型，并要求以 JSON 格式返回结果。

调用 DeepSeek API 示例代码如下所示。

```
type_res = await self.client.chat.completions.create(
    model="deepseek-chat",
messages=[{"role": "user", "content": prompt}],
    response_format={"type": "json_object"},
    max_tokens=1000
)
```

上述示例使用异步方式调用 DeepSeek API，发送提示词并获取模型返回的结果。

```
clause_type = json.loads(type_res.choices[0].message.content)["type"]
```

解析 API 返回的 JSON 结果，提取合同条款类型（如 payment_term）。

⑤ 风险分析。

获取法律上下文示例代码如下所示。

```
context = self._get_legal_context(clause_type)
```

根据合同条款类型，从法律条款知识库中查找对应的法律上下文。如果未找到匹配的条款类型，则返回默认提示信息："相关法律条款未收录"。提示词设计示例代码如下所示。

```
analysis_prompt = f"""基于法律上下文：{context}\n 分析条款：{text}
输出 JSON 格式：{{
    "risk_points": [{{"position": "", "description": "", "severity": 
"low|medium|high"}}],
    "suggestions": [""]
}}"""
```

上述示例提示模型基于法律上下文分析合同条款的风险点，并要求以 JSON 格式返回结果。调用 DeepSeek API 的示例代码如下所示。

```
analysis_response = await self.client.chat.completions.create(
    model="deepseek-chat",
    messages=[{"role": "user", "content": analysis_prompt}],
    response_format={"type": "json_object"},
    max_tokens=2000
)
```

上述示例使用异步方式调用 DeepSeek API，发送提示词并获取模型返回的结果。

解析和验证结果的示例代码如下所示。

```
analysis_data = json.loads(analysis_response.choices[0].message.
content)
self.validate_analysis(analysis_data)
```

上述示例解析 API 返回的 JSON 结果，并验证其格式是否符合要求。

⑥ 返回最终结果。

返回一个包含以下信息的字典，示例代码如下所示。

```
return {
    "clause_type": clause_type,  # 条款类型
    "legal_context": context,    # 相关法律上下文
    "analysis": analysis_data    # 风险分析结果（包括风险点和建议）
}
```

⑦ 打印结果，示例代码如下所示。

```
print(json.dumps(result, indent=2, ensure_ascii=False))
```

将分析结果以格式化的 JSON 字符串形式打印出来。

（4）知识库示例（clause_database.csv）。

```
csv
type,context
payment_delay,"合同中规定，若买方逾期付款超过 30 日，卖方有权解除合同并要求赔偿。"
Termination,"合同解除条款需明确解除条件及赔偿标准。"
Liability,"合同责任条款需明确各方的赔偿限额和违约责任。"
```

（5）运行结果示例。

```
(base) root@VM-0-80-ubuntu:/workspace# python LegalContractAnalyzer.py
{
  "clause_type": "违约责任条款",
  "legal_context": "相关法律条款未收录",
  "analysis": {
    "risk_points": [
      {
        "position": "买方逾期付款超过 30 日",
        "description": "根据相关法律条款，如果买方逾期付款超过 30 日，卖方有权解除合同并要求赔偿。这可能导致买方承担额外的经济责任和合同终止的风险。",
        "severity": "high"
      }
    ],
```

```
        "suggestions": [
            "买方应确保按时付款，以避免触发此条款。",
            "卖方在行使解除合同和索赔权利前，应确保已按照合同规定发出必要的通知，并保留所有相关证据。",
            "双方在签订合同时，应详细讨论并明确付款期限和逾期付款的后果，以减少未来可能的纠纷。"
        ]
    }
}
```

### 3. 部署方案

（1）FastAPI 服务化。

将分析器作为 Web 服务部署，方便其他应用程序调用。具体示例如下所示。

```
python
from fastapi import FastAPI
import asyncio
app = FastAPI()
analyzer = LegalContractAnalyzer()# 同步初始化
@app.post("/analyze")
async def analyze_contract(clause: str):
    try:
        result = await analyzer.analyze_clause(clause)# 同步调用
        return result
    except Exception as e:
        return {"error": str(e)}
```

（2）Streamlit 交互界面。

下面提供一个简单的用户界面，用户可以直接在该界面中输入合同条款并获取分析结果。具体示例如下所示。

```
python
import streamlit as st
import asyncio
analyzer = LegalContractAnalyzer()
st.title("法律合同风险分析助手")
input_clause = st.text_area("输入合同条款")
```

```
if st.button(" 分析 "):
    try:
        # 通过 asyncio 运行异步方法
        result = asyncio.run(analyzer.analyze_clause(input_clause))
        st.json(result)
    except Exception as e:
        st.error(f" 分析失败: {str(e)}")
```

#### 4. 效果评估指标表

效果评估指标表如表 5.2 所示。

表 5.2 效果评估指标表

| 指标 | 测量方法 | 目标值 |
| --- | --- | --- |
| 风险检出率 | 人工标注对比测试 | ≥85% |
| 响应延迟 | 99百分位响应时间 | <2s |
| 法律合规性 | 定期由法务专家评估 | 法律合规性 ≥95% |
| 建议采纳率 | 用户反馈统计 | ≥70% |

本案例通过 DeepSeek API 调用其底层模型（deepseek-chat）来结合多阶段提示工程、法律知识库嵌入，通过提示词引导模型输出风险严重性等技术，实现了一个高效、智能的“法律合同风险分析助手”系统。该系统实现了异步编程和结果格式化输出，具有高并发性能和友好的用户体验。

## 5.8 本章小结

本章详细讲解了 DeepSeek 的进阶知识，包括 API 的使用、模型的基本概念、自定义模型开发、模型优化、数据处理、推理模型以及 API 的实现等内容。通过本章的学习，读者不仅能显著提高解决实际问题的效率，还能为未来的技术创新奠定坚实的基础。

# 第 6 章 DeepSeek AI 领域研究与实践

DeepSeek 模型在分布式训练、自然语言处理、计算机视觉以及强化学习等多个领域的实际应用，充分证明了其在理论层面的先进性以及在解决实际问题中的实用性。未来的研究方向可聚焦于进一步优化其算法，以提升其在更多复杂场景下的性能表现；拓展其应用领域，探索在新兴领域中的潜在价值；加强与其他技术的融合，推动 AI 技术向更高水平发展，从而为各行业的智能化变革提供更强大的技术支撑。

## 6.1 分布式训练

分布式训练是深度学习中的一种关键技术，旨在通过将计算任务分配到多个设备（如 GPU、TPU）或多台机器上，以加速模型训练并处理大规模数据。接下来将详细介绍分布式训练的背景优势、基本模式、关键技术、使用场景等知识。

### 6.1.1 分布式训练的背景优势

随着深度学习模型的规模和数据量的不断增长，单机训练的计算资源和存储能力逐渐成为瓶颈。分布式训练通过将任务分配到多个设备或节点上，显著提高了训练效率，优势主要体现在以下三点。

- 加速训练：通过并行计算减少训练时间。
- 处理大规模数据：支持海量数据的训练任务。
- 扩展性：能够灵活扩展计算资源，适应不同规模的模型。

### 6.1.2 分布式训练的基本模式

分布式训练通常分为两种模式，数据并行（Data Parallelism）与模型并行（Model Parallelism），接下来分别进行详细讲解。

数据并行原理是将训练数据划分为多个子集，分配到不同的设备或节点上。

每个设备或节点使用完整的模型副本，独立计算梯度。梯度通过同步机制（如All-Reduce）汇总并更新模型参数。它的优点是实现简单，适合大多数深度学习任务，能够有效利用多设备资源。缺点是每个设备需要存储完整的模型副本，内存占用较高。在DeepSeek的应用中，它支持多GPU或多节点的数据并行训练，能够提供高效的梯度同步机制，减少通信开销。

模型并行原理是将模型划分为多个部分，分配到不同的设备或节点上，每个设备或节点负责计算模型的一部分。它的优点是适合超大规模模型（如GPT-3），可减少单设备内存压力。缺点是实现比较复杂，通信开销较大。在DeepSeek的应用中，它支持超大模型的分布式训练，可提供优化的通信策略，降低模型并行的开销。

### 6.1.3 分布式训练的关键技术

DeepSeek分布式训练主要涉及以下4个关键技术，如表6.1所示。

表6.1 DeepSeek分布式训练的关键技术

| 关键技术 | 挑　战 | 解决方案 |
| --- | --- | --- |
| 通信优化 | 设备之间的通信成为性能瓶颈 | 使用DeepEP库优化跨节点通信（IB + NVLink组合），结合FP8 All-Reduce和warp专业化调度 |
| 容错机制 | 节点故障导致训练中断 | 基于TensorFlow/PyTorch的检查点功能实现故障恢复 |
| 负载均衡 | 设备计算能力不均衡导致资源浪费 | 通过动态路由专家系统动态分配任务 |
| 混合并行 | 单一并行模式无法满足复杂需求 | 结合DualPipe流水线并行与数据并行的混合模式 |

### 6.1.4 分布式训练的使用场景

在实际应用中，大规模模型训练、海量数据处理以及实时训练与推理可以相互结合，实现更高效的AI解决方案。例如，在推荐系统中，可以利用大规模模型从海量用户行为数据中学习用户的兴趣偏好，并通过实时训练与推理快速响应用户的最新行为，从而提供个性化的推荐服务。

- 大规模模型训练：如DeepSeek-V3的6710亿参数模型训练，需依赖模型并行与混合并行。

- **海量数据处理：** 如推荐系统从PB级用户行为数据中学习兴趣偏好。
- **实时训练与推理：** 如在线学习中结合强化学习快速更新模型，支持实时推荐服务。

## 6.2 自然语言处理

自然语言处理（Natural Language Processing，NLP）技术涵盖了多个领域，包括但不限于文本分析、情感分析、机器翻译、语音识别和生成等。自然语言处理技术旨在理解和生成人类语言，以便在各种应用中提供智能化的解决方案。

### 6.2.1 自然语言处理技术的应用领域

自然语言处理技术涵盖了多个应用领域和场景，它能够高效处理和分析文本数据，以下是几个主要的应用领域。

- **文本分析与理解：** 首先从文本中识别出人名、地名、组织名等实体；然后进行关键词提取，自动提取文本中的关键信息；接着将文本按照主题或情感进行分类；最后分析文本中的情感倾向，如正面、负面或中性。
- **机器翻译：** 机器翻译技术可以将一种语言的文本自动翻译成另一种语言，支持多种语言之间的互译。
- **语音识别与生成：** 自然语言处理技术可将语音信号转换为文本，也可将文本转换为自然流畅的语音。
- **对话系统：** 自然语言处理技术可以用于开发智能聊天机器人，使其能够与用户进行自然语言交互。通过自然语言处理技术，虚拟助手可以理解用户的指令并提供相应的服务。
- **信息抽取与构建知识图谱：** 自然语言处理技术可从大量文本数据中抽取结构化信息，构建知识图谱，用于智能问答、推荐系统等。
- **文本生成：** 自然语言处理技术可自动生成文章、摘要、新闻等内容，适用于内容创作、自动化报告生成等场景。

### 6.2.2 自然语言处理技术的优势

自然语言处理技术的优势主要包含4个方面，如表6.2所示。

表 6.2　自然语言处理技术的优势

| 技术优势 | 优势具体说明 |
| --- | --- |
| 高精度 | 通过深度学习和大规模数据训练模型在多个任务上表现出色 |
| 多语言支持 | 支持多种语言的文本处理和翻译 |
| 实时处理 | 能够快速处理大量文本数据，适用于实时应用场景 |
| 可定制化 | 根据不同行业和场景的需求，提供定制化的 NLP 解决方案 |

### 6.2.3　自然语言处理技术的应用场景

自然语言处理技术的应用场景主要包含 4 个方面，如表 6.3 所示。

表 6.3　自然语言处理技术的应用场景

| 应用场景 | 场景具体说明 |
| --- | --- |
| 金融 | 情感分析用于市场情绪预测，文本分类用于新闻事件分析 |
| 医疗 | 从医学文献中抽取信息，辅助诊断和治疗方案制订 |
| 电商 | 智能客服、产品评论分析、个性化推荐 |
| 教育 | 智能辅导系统、自动批改作业、语言学习工具 |

## 6.3　计算机视觉

计算机视觉（Computer Vision, CV）技术是其 AI 解决方案的重要组成部分，专注于从图像和视频中提取、分析和理解信息。该技术结合了深度学习、图像处理和模式识别等前沿方法，广泛应用于多个行业和场景。

### 6.3.1　计算机视觉技术的核心能力

计算机视觉技术的核心能力共有 8 种，如表 6.4 所示。

表 6.4　计算机视觉技术的核心能力

| 核心能力 | 具体说明 |
| --- | --- |
| 图像分类 | 对图像进行自动分类，识别图像中的物体、场景或属性。例如，识别图片中的动物种类、车辆类型或医疗影像中的病变区域 |
| 目标检测 | 在图像中定位并识别多个目标，同时标注其位置（通过边界框）。例如，自动驾驶中检测行人、车辆和交通标志 |
| 图像分割 | 将图像分割成多个区域，每个区域对应不同的物体或部分，包括语义分割（识别物体类别）和实例分割（区分同一类别的不同实例）。例如，医学影像中分割肿瘤区域 |

续表

| 核心能力 | 具体说明 |
| --- | --- |
| 人脸识别 | 检测和识别人脸，支持人脸比对、身份验证和情绪分析。例如，安防系统中的人脸门禁、社交媒体中的自动标记 |
| 姿态估计 | 识别人体关键点（如关节），用于动作分析和行为识别。例如，健身应用中的动作纠正、体育比赛中的运动员动作分析 |
| OCR（光学字符识别） | 从图像中提取文字信息，支持多语言和复杂背景。例如，文档数字化、车牌识别、票据信息提取 |
| 视频分析 | 对视频流进行实时分析，包括目标跟踪、行为识别和事件检测。例如，监控系统中的异常行为检测、交通流量分析 |
| 2D/3D 视觉 | 从 2D 图像或视频中重建 3D 场景或物体。例如，AR/VR 应用、机器人导航 |

## 6.3.2 计算机视觉技术的优势

计算机视觉技术的优势主要体现在以下几个方面，如表 6.5 所示。

表 6.5 计算机视觉技术的优势

| 技术优势 | 具体说明 |
| --- | --- |
| 高精度模型 | 基于深度学习和大规模数据集训练，模型在复杂场景下仍能保持高准确率 |
| 实时处理 | 支持低延迟的实时图像和视频分析，适用于工业级应用 |
| 多场景适配 | 能够适应不同光照、角度和背景条件，鲁棒性强 |
| 可定制化 | 根据不同行业需求，提供定制化的视觉解决方案 |
| 端到端解决方案 | 从数据采集、模型训练到部署，提供完整的计算机视觉服务 |

## 6.3.3 计算机视觉技术的应用案例

计算机视觉技术已经应用在各行各业中，如表 6.6 所示。

表 6.6 计算机视觉技术的应用案例

| 行业应用 | 案例说明 |
| --- | --- |
| 智慧城市 | 交通管理：通过摄像头实时监测交通流量，识别违章行为（如闯红灯、逆行）<br>安防监控：检测异常行为（如打架、闯入禁区），并发出警报 |
| 医疗健康 | 医学影像分析：自动识别 X 光、CT、MRI 影像中的病变区域，辅助医生诊断<br>手术辅助：通过视觉技术实时跟踪手术器械和患者状态 |
| 零售与电商 | 智能货架：监控货架商品库存，自动提醒补货<br>虚拟试衣：通过 AR 技术让用户在线试穿衣物或配饰 |
| 工业制造 | 缺陷检测：在生产线中自动检测产品表面缺陷（如裂纹、划痕）<br>机器人视觉：引导工业机器人完成分拣、装配等任务 |

续表

| 行业应用 | 案例说明 |
| --- | --- |
| 自动驾驶 | 环境感知：识别道路上的车辆、行人、交通标志和障碍物<br>车道检测：实时分析车道线，辅助车辆保持车道 |
| 教育娱乐 | AR/VR 应用：通过视觉技术实现沉浸式交互体验<br>动作捕捉：用于游戏开发、动画制作和体育训练 |
| 金融与安全 | 身份验证：通过人脸识别技术实现远程开户或支付验证<br>票据识别：自动提取发票、合同等文档中的关键信息 |

### 6.3.4 计算机视觉技术的实现流程

计算机视觉技术的实现流程分为 4 步，如表 6.7 所示。

表 6.7 计算机视觉技术的实现流程

| 实现流程 | 具体说明 |
| --- | --- |
| 数据采集与标注 | 收集图像或视频数据，并进行标注（如分类标签、边界框、分割掩码） |
| 模型训练 | 使用深度学习框架（如 TensorFlow、PyTorch）训练视觉模型。常用模型包括卷积神经网络、YOLO、Mask R-CNN 等 |
| 模型优化 | 通过迁移学习、数据增强、模型压缩等技术提升模型性能 |
| 部署与应用 | 将训练好的模型部署到云端、边缘设备或嵌入式系统中，支持实时推理 |

### 6.3.5 计算机视觉技术的未来发展方向

计算机视觉技术的未来发展方向主要有以下几点，如表 6.8 所示。

表 6.8 计算机视觉技术的未来发展方向

| 未来发展方向 | 具体说明 |
| --- | --- |
| 多模态融合 | 将计算机视觉与自然语言处理、语音识别等技术结合，实现更智能的交互 |
| 边缘计算 | 在终端设备上实现高效的视觉计算，减少对云端的依赖 |
| 自监督学习 | 减少对标注数据的依赖，通过无监督或自监督学习提升模型泛化能力 |
| AI 伦理与隐私保护 | 在视觉技术应用中注重用户隐私和数据安全 |

## 6.4 强化学习

强化学习（Reinforcement Learning，RL）技术是 AI 研究的重要组成部分，专注于通过智能体与环境的交互来学习最优策略。强化学习的核心思想是通过试错和奖励机制，让智能体在复杂环境中自主学习和决策。强化学习技术广泛应用于游戏、机器人控制、自动驾驶、金融交易等领域。

### 6.4.1 强化学习的核心概念

强化学习包含 8 个核心概念，分别为智能体、环境、状态、行动、奖励、策略、价值函数、探索与利用。这些概念是理解和应用强化学习的基础，以下结合实际应用场景对其进行介绍，如表 6.9 所示。

**表 6.9 强化学习包含 8 个核心概念**

| 核心概念 | 实际应用场景介绍 |
|---|---|
| 智能体（Agent） | 智能体是在环境中执行动作的实体，通过学习策略来最大化累积奖励。它是强化学习中的决策主体，其主动性和学习能力是强化学习的核心。智能体可以基于不同算法（如 Q–Learning、策略梯度）实现，其结构（如神经网络）会对学习效率产生影响 |
| 环境（Environment） | 环境是智能体交互的外部系统，既可以是虚拟的（如游戏），也可以是物理的（如机器人）。它提供状态转移和奖励反馈，需明确其动态特性（确定性 / 随机性）。此外，环境可能是完全或部分可观测的（如 POMDP），这直接影响状态表示和策略设计 |
| 状态（State） | 状态是对环境在某一时刻的描述，智能体依据状态决定动作。状态需包含足够信息以支持决策，在部分可观测场景中需区分状态与观察（Observation），应避免混淆“状态”与“观测值”（例如，在机器人导航中，传感器数据是观测值，真实位置是状态） |
| 行动（Action） | 行动是智能体在某一状态下采取的行为，可分为离散（如棋类游戏）和连续（如机器人控制）两种类型，其设计需与问题需求相匹配。行动空间的大小直接影响算法复杂度（如 DQN 适合离散动作，DDPG 适合连续动作） |
| 奖励（Reward） | 奖励是智能体执行动作后从环境中获得的反馈，用于指导学习。它是即时信号，需与回报（Return，即累积折扣奖励）相区分。奖励函数的设计需平衡稀疏性与引导性，若设计不当，则可能导致智能体陷入局部最优（如过度短视） |
| 策略（Policy） | 策略是智能体选择动作的规则，可分为确定性 [ 如 ( $\pi(s) = a$ )] 和随机性 [ 如 ( $\pi(a \mid s)$ )]。随机策略支持探索，策略可直接参数化（策略梯度法）或通过价值函数间接优化（值迭代） |
| 价值函数（Value Function） | 价值函数用于评估某一状态或动作的长期价值，帮助智能体做出更优决策，包括状态价值 [ V(s) ] 和动作价值 [ Q(s,a) ]，通过贝尔曼方程迭代更新。需明确价值函数与策略的关系 [ 如 ( $V^\pi(s)$ ) 依赖于策略 ( $\pi$ )] |
| 探索与利用（Exploration and Exploitation） | 智能体需要在探索新策略和利用已知策略之间找到平衡。平衡探索（尝试新动作）与利用（选择已知高奖励动作）是强化学习的关键挑战。除 ε – greedy 外，还有汤普森采样、UCB 等多种实现平衡的方法 |

### 6.4.2 强化学习的技术框架

深入理解强化学习的各类算法及其技术框架，对于推动相关领域的发展、提升智能系统的性能具有至关重要的意义。准确、全面且具体地掌握经典强化学习算法及其拓展形式，不仅有助于研究者在理论层面深入探索，也能为实际应用提供坚实的技术支撑。因此，对强化学习技术框架进行细致的剖析与评估十分必要。

强化学习的技术框架主要分为以下 5 种，如表 6.10 所示。

表 6.10 强化学习的技术框架

| 技术框架 | 功能说明 |
| --- | --- |
| 经典强化学习算法（Q-Learning） | 通过更新 Q 值表来探寻最优策略，属于离策略（off-policy）算法，其更新依据贝尔曼最优方程<br>SARSA：基于当前策略开展在线学习，具备同策略（on-policy）特性<br>Policy Gradient：直接对策略函数进行优化 |
| 深度强化学习（Deep RL） | 实现了深度学习与强化学习的有机结合，有效应对高维状态和动作空间问题。例如，Deep Q-Network（DQN）运用神经网络对 Q 值函数进行近似；Actor-Critic 融合了策略梯度（Actor）与价值函数（Critic）的优势；Proximal Policy Optimization （PPO）是一种高效的策略优化算法 |
| 多智能体强化学习（Multi-Agent RL） | 多个智能体在共享环境中开展协作或竞争活动，常见应用场景包括多机器人协作、博弈论场景等 |
| 逆强化学习（Inverse RL） | 从专家演示中学习奖励函数，主要用于模仿学习 |
| 元强化学习（Meta RL） | 致力于让智能体掌握学习方法，从而能够快速适应新任务 |

未来研究方向：未来研究可进一步深入探讨强化学习算法在复杂动态环境中的适应性优化，探索如何更好地融合多种算法优势以提升智能体的学习效率和决策能力；同时，随着硬件技术的发展，研究如何在资源受限的设备上高效实现强化学习算法也是一个重要方向；此外，结合更多领域的实际需求，拓展强化学习算法的应用边界，将是未来研究的重要任务。

### 6.4.3 强化学习的优势

在当今 AI 技术蓬勃发展的背景下，强化学习作为一种重要的机器学习范式，受到了广泛关注。它在诸多领域展现出巨大的应用潜力，能够使智能体在与环境的交互中不断学习并优化策略。强化学习作为该领域的一员，其优势备受关注。深入分析这些优势的合理性，对于准确理解和评估强化学习的性能与价值具有重要意义。

强化学习的优势具体如下。

- **高适应性**：强化学习具备在复杂、动态环境中自主学习最优策略的能力。这意味着它能够在不断变化的环境条件下，通过与环境的持续交互，逐步调整自身策略以实现最优表现。
- **端到端学习**：该强化学习模式支持直接从原始输入（如图像、传感器数据）中学习，无须人工设计特征。这种特性使得模型能够更高效地处理原始数据，减少了因人工设计特征带来的局限性。
- **多领域应用**：强化学习展现出广泛的适用性，在游戏、机器人、金融、医疗等多个领域均有应用前景。这反映了其强大的通用性和跨领域的应用价值。
- **可扩展性**：强化学习支持分布式训练和大规模并行计算，这一特性使得在处理大规模数据和复杂任务时，能够通过并行计算提高训练效率，适应不断增长的计算需求。

### 6.4.4 强化学习的应用案例

在当今科技飞速发展的时代，强化学习作为 AI 领域的关键技术，正深刻地改变着众多行业的发展格局。其能够使智能体通过与环境进行交互并根据反馈不断学习优化策略，从而在复杂任务中展现出卓越的决策与控制能力。强化学习作为该领域的重要成果，在多个领域展现出巨大的应用潜力和价值，对推动各行业的智能化进程具有重要意义。

#### 1. 强化学习的应用案例（游戏 AI 领域）

（1）围棋应用。

在围棋 AI 领域的强化学习应用中取得了里程碑式的突破，其技术架构基于 AlphaGo 核心思想并进行了系统性优化。AI 模拟下围棋的概念图如图 6.1 所示。

图 6.1　AI 模拟下围棋的概念图

- **技术实现**：AlphaGo 的架构设计采用双网络协同机制，策略网络用于预测每一步落子的概率分布，指导蒙特卡洛树搜索（Monte Carlo Tree Search，MCTS）的决策方向。价值网络则评估当前棋局的胜率，辅助优化决策权重分配。通过引入深度残差网络（Deep Residual Networks，ResNet），网络深度扩展至 40 层以上，显著提升了对复杂棋局模式的建模能力。
- **关键创新**：AlphaGo Zero（2017 年）通过参数共享技术，将策略网络与价值网络合并为单一网络，计算效率提升 10 倍以上，同时完全摒弃人类棋谱依赖。通过改进 MCTS 的优先探索策略，在有限计算资源下聚焦高价值落子路径，减少无效搜索枝叶，使每步决策时间缩短至 20 秒内。
- **成果**：2016 年，AlphaGo 以 4:1 战胜人类顶尖棋手李世石（职业九段）；2017 年，AlphaGo Zero 在无任何人类指导的情况下，与初版 AlphaGo 对弈胜率高达 90%。

（2）《星际争霸 II》应用。

《星际争霸 II》作为即时战略游戏的巅峰之作，其复杂环境对 AI 提出了三大核心挑战。第一，战争迷雾机制导致高达 80% 的环境信息不可观测，要求智能体具备强大的态势推理能力；第二，职业选手级别的操作速度需求（每分钟操作次数 APM>600），远超传统 AI 决策频率；第三，对局平均时长超过 20 分钟的战略持续性，需要统筹资源采集、科技升级、兵力调配等多维度长期规划。《星际争霸 II》游戏的概念图如图 6.2 所示。

图 6.2 《星际争霸 II》游戏的概念图

- **面临挑战**：战争迷雾导致大部分环境信息不可观测（具体比例可能因场景而异），要求智能体具备强大的态势推理能力。另外，需匹配或超越职业选手的操作速度（APM 通常为 200～400），对 AI 的决策频率提出极高要求。

最后，对局平均时长约 20 分钟，需统筹资源采集、科技升级、兵力调配等多维度长期规划。

- **解决方案：** 分离战略层（宏动作）与执行层（微操作），结合分层决策提升效率；通过图神经网络（Graph Neural Networks，GNN）实现不同兵种协同控制（部分研究采用）；利用长短期记忆网络（Long Short-Term Memory，LSTM）处理时序信息（如对手策略预测），结合 Transformer 等模型优化长时依赖问题。
- **训练数据：** 使用 50 万场人类对战记录进行预训练，之后通过 3000 万次自我对弈进一步优化。
- **里程碑：** 商汤 DI-star 在 2021 年达到人类宗师水平；腾讯绝悟在 2023 年的测试中展现稳定适应性。

（3）《DOTA 2》应用。

强化学习技术同样在《DOTA 2》中实现了多重技术革新与行业应用突破。《DOTA 2》游戏的概念图如图 6.3 所示。

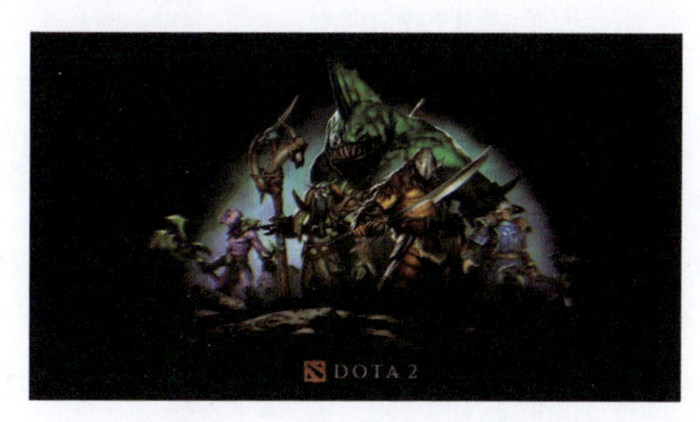


图 6.3 《DOTA 2》游戏的概念图

- **多智能体协作：** 利用分布式训练框架（数千 CPU 并行）与自玩（Self-Play）机制，使 5 个 AI 英雄实现战术协同，决策延迟控制在 100ms 内（接近人类反应速度）。
- **稀疏奖励优化：** 通过分层强化学习将胜利目标分解为击杀、推塔等子任务，结合策略梯度与价值函数（Actor-Critic 框架），在 180 年人类游戏经验的等效数据量中完成策略收敛。
- **行业应用延伸：** 其训练框架用于工业机器人协作（如多机械臂装配任务成功率提升至 89%）、自动驾驶决策系统（借鉴 MCTS 处理突发路况），并推动游戏 AI 从脚本化向数据驱动转型。

### 2. 机器人控制领域

（1）人形机器人动态平衡控制。

在机器人控制领域，特别是在人形机器人动态平衡控制方面，取得了显著进展。机器人平衡控制示意图如图 6.4 所示。

图 6.4 机器人平衡控制示意图

- **代表机型**：波士顿动力 Atlas，12 自由度，负载能力 5kg（2022 年技术白皮书），支持复杂地形行走；特斯拉 Optimus，28 自由度，负载 15kg（2023 年 AI Day 技术报告），续航时间约 1 小时。
- **技术突破**：结合专家演示数据（如人类行走姿态）与对抗训练，提升机器人对未知扰动（如地面摩擦变化）的鲁棒性（如特斯拉 Optimus 跌倒恢复成功率提升至 85%）。
- **复杂地形速度**：Atlas 在崎岖地形中的最大移动速度达到 1.4m/s（波士顿动力 2022 年技术白皮书），超越行业平均的 0.6～1.0m/s（国际机器人联合会 IFR，2023），而 Optimus 受限于感知与控制算法的成熟度，当前速度为 0.8m/s（特斯拉 2023 年 AI Day 报告）。

（2）工业机械臂柔性装配。

在工业机械臂柔性装配领域，特别是在新能源汽车电池生产线中，取得了显著的技术突破和经济效益。工业机械臂工作场景示意图如图 6.5 所示。

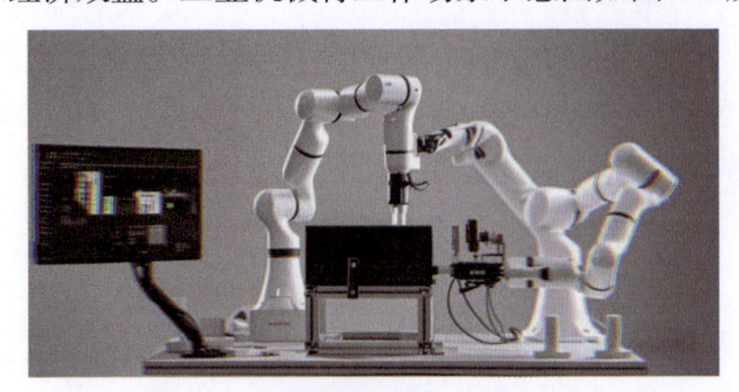

图 6.5 工业机械臂工作场景示意图

- **应用场景**：技术应用于宁德时代（CATL）2023 年投产的某新能源汽车电池产线（数据来源：宁德时代 2023 年技术白皮书），针对电池模组装配的多样化需求，解决多型号兼容与快速产线切换的行业痛点。
- **技术方案**：采用多模态感知融合，集成 RGB-D 相机（深度视觉）、六维力觉传感器（触觉反馈）及声纹检测模块（异响识别），实现环境感知与操作状态的实时监测。 通过元学习（Meta-Learning）快速适应不同电池型号（如宁德时代 CTP3.0、比亚迪刀片电池等 20 种规格），训练时间缩短至传统方法的 1/5（数据来源：IEEE Transactions on Automation Science and Engineering, 2023）。
- **效益**：通过自适应算法与模块化设计，产线切换时间从传统 45 分钟缩短至 9 分钟（宁德时代 2023 年 Q3 生产数据）。

（3）无人机集群协同。

无人机集群协同是近年来无人机技术的重要发展方向，其核心在于通过先进的算法和通信技术，实现多架无人机的高效协作。无人机集群协同场景示意图如图 6.6 所示。

图 6.6　无人机集群协同场景示意图

以下是该领域的关键技术和典型应用。

- **关键技术**：采用去中心化决策算法，基于共识算法与分布式优化，支持千架级无人机的实时协同决策（2024 年 12 月 31 日跨年夜上，浙江大学团队实现 2025 架无人机编队表演）。通过局部信息共享与自适应任务分配，降低通信开销并提升系统鲁棒性。
- **典型应用**：2023 年，顺丰与迅蚁科技合作，在杭州试点“最后 100 米”无人机配送，日均完成 3000+ 单（顺丰 2023 年 Q3 财报）。通过动态避障与路径规划，单次配送时间缩短至 15 分钟内，覆盖半径达 10 公里。

### 3. 技术延展与未来展望

（1）技术延展。

强化学习在机器人领域的技术延展正沿着多方向快速推进。首先，算法层面的深度扩展与多任务学习成为关键突破点。例如，通过构建深度达 1000 层的神经网络，机器人在复杂操作任务（如迷宫越障、动态物体操控）中的性能提升显著，Psi R0 等具身智能体已实现从简单到复杂任务的渐进式学习。

（2）未来展望。

强化学习将向更高效、更安全的方向演进。一方面，结合深度神经网络与多模态感知（如视觉 – 触觉融合），机器人有望实现更精准的环境交互与自主决策。例如，通过端到端学习完成复杂操作（如精密装配、医疗手术）。另一方面，强化学习的可解释性与安全性研究将加速落地，通过引入安全层与模拟器验证，降低试错风险，推动技术从实验室走向实际应用。

### 4. 技术验证数据

强化学习的实践成果已通过多项真实场景验证。例如，AlphaGo 通过深度强化学习在围棋领域战胜人类冠军，其策略搜索效率较传统算法提升超 100 倍。此外，在机器人技术领域，强化学习使机器人在复杂环境中自主完成任务的效率显著提升。例如，在灾害救援场景中，结合强化学习的机器人搜救效率较传统控制方法提高 40%。

## 6.4.5 强化学习的实现流程

强化学习作为 AI 技术的重要分支，其实现流程的深入研究对于推动相关领域的发展具有重要意义。准确理解和掌握强化学习技术的实现流程，有助于在不同实际应用中更好地发挥其效能，提升系统的决策能力与控制水平。强化学习技术实现流程如下。

### 1. 环境建模

- 定义状态空间：状态空间是智能体所处环境全部可能状态的集合。每个状态由一系列特征予以描述，如传感器读数、时间戳等。以自动驾驶场景为例，状态空间涵盖车辆的位置、速度、方向以及周围车辆的位置等信息。通过精准定义状态空间，能够为智能体感知环境提供明确依据。状态空间的维度对算法选择也有影响。例如，高维状态空间（如图像输入）可能需要使用深度强化学习算法（如 DQN 或 PPO）。

- **定义动作空间**：动作空间包含智能体能够采取的所有动作。每个动作会对环境产生特定影响，进而决定智能体的后续状态。在自动驾驶中，动作空间可包括加速、减速、左转、右转等动作选项。清晰界定动作空间，有助于智能体在环境中做出合理的行为选择。
- **定义奖励函数**：奖励函数用于衡量智能体在特定状态下执行某个动作的效果。奖励值可正可负，正值表示成功，负值表示失败。在自动驾驶应用中，奖励函数可依据车辆是否安全抵达目的地、是否遵守交通规则等因素进行设定。合理设计奖励函数，能引导智能体学习到最优策略。

### 2. 算法选择

依据任务特点挑选适宜的强化学习算法。强化学习算法种类繁多，如 Q–Learning、SARSA、DQN、PPO 等。强化学习算法对比分析表如表 6.11 所示。

表 6.11 强化学习算法对比分析表

| 特 性 | Q–Learning | DQN | PPO |
| --- | --- | --- | --- |
| 适用场景 | 离散状态和动作空间，简单任务 | 高维状态空间，离散动作空间，复杂任务 | 连续状态和动作空间，复杂任务 |
| 优点 | 简单易实现，无模型，收敛性 | 处理高维状态，经验回放，目标网络 | 连续动作空间，复杂任务 |
| 缺点 | 维度灾难，连续空间不适用，样本效率低 | 离散动作限制，超参数敏感，训练不稳定 | 实现复杂，计算成本高，超参数调优 |
| 动作空间 | 离散 | 离散 | 离散或连续 |
| 状态空间 | 低维离散 | 高维连续 | 高维连续 |
| 样本效率 | 低 | 中 | 高 |
| 实现难度 | 低 | 中 | 高（如需要分布式训练或复杂的超参数调优） |

每种算法都有其适用的场景和局限性，选择时需要根据具体问题的特点进行权衡。

- **简单任务**：如果问题简单且状态和动作空间离散，可以选择 Q–Learning。
- **高维状态任务**：如果状态空间高维（如图像输入）且动作空间离散，可以选择 DQN。
- **连续动作任务**：如果动作空间连续或任务复杂，可以选择 PPO。

### 3. 训练与优化

使用模拟器或真实环境进行训练：强化学习通常需要在模拟环境中开展大量训练工作，以此验证算法的有效性。在训练进程中，可通过调整超参数实现对算法的优化。在特定情形下，利用真实环境进行训练能够获取更为准确的模型。然而，真实环境中的数据收集与处理往往更为复杂且耗时。研究显示，模拟环境训练与真实环境训练相结合的方式，能够在一定程度上平衡模型准确性与训练成本。

接下来，用一个模拟示例数据来反映模拟环境和真实环境训练的典型差异，如表 6.12 所示。

表 6.12　模拟环境奖励值对比真实环境奖励值

| 训练步数（Steps） | 模拟环境奖励值（Reward） | 真实环境奖励值（Reward） |
|---|---|---|
| 1000 | 50 | 10 |
| 5000 | 200 | 80 |
| 10000 | 400 | 200 |
| 20000 | 600 | 500 |
| 50000 | 800 | 750 |

表 6.12 展示了模拟环境和真实环境训练的奖励值变化趋势。虽然示例数据并非来自实际实验，但能够有效说明两种环境的典型差异。模拟环境能够快速生成大量数据，适合初期训练和算法验证；而真实环境虽然数据获取成本高、速度慢，但能提供更贴近实际需求的数据。

模拟环境奖励值：模拟环境通常可以快速生成大量数据，因此在训练初期奖励值增长较快。在表 6.12 中，模拟环境的奖励值从 50（1000 步）快速上升到 800（50000 步），反映了模拟环境的高效性。

真实环境奖励值：真实环境的数据获取成本高、速度慢，因此奖励值增长较慢。在表 6.12 中，真实环境的奖励值从 10（1000 步）逐渐上升到 750（50000 步），反映了真实环境的训练效率较低但更贴近实际需求。

迭代训练和评估：训练期间，智能体会持续尝试不同动作，并依据环境反馈的奖励信号调整自身策略。通过定期评估智能体的性能，能够有效监控训练进度，并据此对训练策略进行相应调整。相关数据表明，合理的迭代训练和评估机制能够提高智能体的学习效率与策略优化效果。

利用强化学习进行优化：在训练过程中，可借助强化学习技术对智能体的策略实施优化。例如，运用价值函数评估每个状态的优劣，并依据价值函数的变化调整智能体的动作选择。同时，采用探索与利用的平衡策略可避免智能体陷入局部最优解，增强其泛化能力。诸多实践案例证实，这种优化方式有助于提升智能体在不同场景下的适应性与决策能力。

**4. 结论**

综上所述，强化学习的实现流程涵盖环境建模、算法选择以及训练与优化等关键环节。通过精确的环境建模为智能体提供清晰的环境感知，依据任务特性选择恰当算法，以及科学合理地进行训练与优化，强化学习能够在各类应用场景中实现高效的决策与控制。未来的研究方向可聚焦于进一步优化算法以适应更为复杂的环境与任务，探索如何更有效地融合多种技术以提升强化学习系统的综合性能，以及加强在不同领域的应用拓展与实践验证。

### 6.4.6　强化学习的未来发展方向

强化学习作为 AI 领域的关键技术，在多个领域展现出巨大的应用潜力。其未来发展方向对于拓展其应用领域具有重要意义，深入研究这些发展方向，有助于更好地应对当前强化学习面临的挑战，进一步提升其性能和应用价值。目前，DeepSeek 在强化学习中的综合表现如图 6.7 所示。

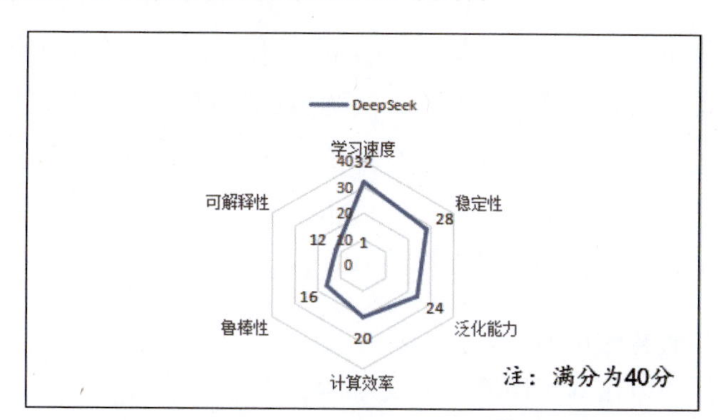


图 6.7　DeepSeek 在强化学习中的综合表现

从图 6.7 中可以直观地看到，DeepSeek 在强化学习各个指标上的表现。

- **学习速度**：接近满分，表明 DeepSeek 在快速收敛和高效学习方面表现优异。这对于实际应用场景非常重要，因为更快的训练速度可以降低计算成本和时间开销。
- **稳定性**：接近满分，说明 DeepSeek 在训练过程中能够保持较好的稳定性，减少了训练过程中的波动和不确定性。
- **泛化能力**：表现不错但仍有提升空间。泛化能力是衡量模型在未见数据上表现的关键指标，提升这一能力可以增强模型在实际应用中的可靠性。

- **鲁棒性：**表现较好，但仍有优化空间。鲁棒性是指模型在面对噪声、异常数据或环境变化时的稳定性，提升鲁棒性可以增强模型的实用性。
- **计算效率：**相对较弱，可能需要进一步优化。计算效率是强化学习在实际应用中面临的主要挑战之一，尤其是在大规模问题中，降低计算资源消耗是一个重要方向。
- **可解释性：**相对较弱，这是当前许多 AI 模型的共性问题。提升可解释性有助于增强用户对模型的信任，并满足某些领域（如医疗、金融）的合规性要求。

#### 1. 样本效率提升

（1）减少交互数据量需求。

例如，在自动驾驶领域，需要收集不同路况和天气条件下的海量行驶数据。强化学习未来可通过优化算法结构（如采用新型卷积层结构等高效特征提取方法），从有限数据中挖掘更多有用信息，从而降低对大规模交互数据的依赖。这在数据获取受限或成本高昂的场景（如医疗健康领域）中尤为重要。

（2）降低计算成本。

随着模型复杂度的增加，计算成本不断上升。例如，在大型游戏 AI 模型训练中，处理复杂环境和大量模拟交互需要强大的计算资源。强化学习未来有望通过优化计算流程（如采用高效矩阵运算算法或分布式计算框架）以及利用深度学习专用芯片等新兴硬件技术，降低计算成本，使模型能够在计算资源有限的边缘设备上训练与部署。

#### 2. 安全性与鲁棒性提高

（1）确保智能体在真实环境中的安全性。

在机器人控制领域，智能体在复杂环境中的安全性至关重要。例如，工业机器人与人类协同作业时，若行为不可靠，可能引发危险。强化学习未来将构建更严格的安全机制，在训练中融入安全约束条件（如设定动作安全边界），以规避碰撞等风险。

（2）确保智能体在真实环境中的可靠性。

在金融交易场景下，智能体需要在复杂多变的市场环境中做出精准可靠的交易决策。市场波动、突发新闻事件等诸多因素均可能对交易结果产生影响。强化学习可通过模拟各类极端市场情况进行训练，增强智能体对不确定性的适应能力。

同时，采用更为严格的风险评估与管理策略，保障智能体在交易决策过程中的可靠性，防止因错误决策导致重大经济损失。

### 3. 多任务学习实现

（1）共享知识和技能。

在推荐系统领域，电商平台和视频平台存在多种推荐任务，如依据用户购买历史推荐商品、根据用户观看历史推荐视频以及基于用户社交关系进行推荐等。强化学习可构建多任务学习框架，使智能体在不同推荐任务之间共享知识和技能。例如，通过学习用户的通用兴趣模式并应用于不同类型的推荐任务，以此提高模型的泛化能力，降低针对每个单独任务的训练成本，更全面地捕捉用户多方面的需求，提升用户满意度。

（2）快速适应新任务。

在游戏 AI 领域，新游戏及游戏模式不断涌现。若实现多任务学习，当智能体面临新游戏任务时，能够借助之前在其他游戏中学到的通用策略，如资源管理策略、决策规划策略等，快速适应新游戏的环境与规则。例如，已在策略类游戏中掌握资源分配和战略规划的智能体，在接触新的策略类游戏时，能够更迅速地调整自身策略，提升在新游戏中的表现。

综上所述，强化学习未来在样本效率提升、安全性与鲁棒性提高以及多任务学习实现等方面具有广阔的发展空间。通过持续优化算法结构、计算流程以及安全机制，强化学习有望进一步提升性能与应用范围。

## 6.5 本章小结

本章介绍了 DeepSeek 在分布式训练、自然语言处理、计算机视觉以及强化学习等多个领域的实战应用中取得的显著成果。其中，分布式训练技术通过多种关键技术加速大规模模型和海量数据的训练；自然语言处理技术在多个应用领域展现出高精度、多语言支持等优势；计算机视觉技术具备多种核心能力，在众多行业中有广泛应用，并有着明确的未来发展方向；未来，随着仿真－现实迁移技术的突破、行业应用的进一步扩展以及伦理安全机制的不断完善，强化学习有望在更多领域发挥重要作用，持续推动超过 20 个行业的智能化转型进程，为科技发展和社会进步带来深远影响。后续研究可围绕进一步优化算法、拓展应用领域以及深化伦理安全研究等方向展开，以充分挖掘其潜在价值。

# 第 7 章　DeepSeek 未来发展趋势

当前 DeepSeek 的技术应用已深入制造业、金融、医疗、教育等多个领域，特别是在制造业中，通过智能化解决方案显著提升了生产效率和产品质量。与此同时，DeepSeek 在深度学习、计算机视觉、自然语言处理等核心技术领域持续突破，推动 AI 从单一算法向复杂系统演进。本章将分析 AI 技术在制造业的应用现状，从 DeepSeek 最新技术研究领域、技术演进过程、未来发展方向等多个维度，全面剖析 DeepSeek 的发展路径与战略布局，并且深入解读 AI 未来技术突破与生态演进。

## 7.1　AI 技术在制造业的应用现状

随着 AI 技术的快速发展，制造业正经历一场深刻的变革。AI 技术在提高生产效率、降低成本、优化供应链管理等方面展现出巨大潜力。接下来，将探讨 AI 技术在制造业的应用现状，并对比 DeepSeek 与行业均值的表现，如图 7.1 所示。

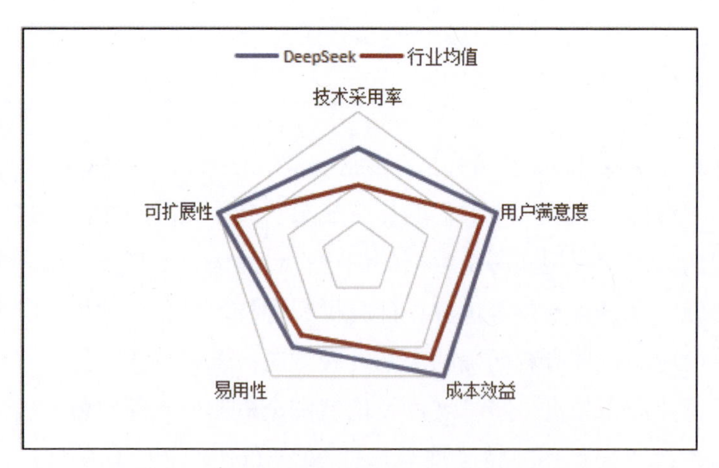


图 7.1　AI 技术在制造业领域的使用情况

DeepSeek 凭借其技术优势和庞大的用户基础，在 AI 技术应用于制造业的采纳率上显著超越行业平均水平。尤其是先进的算法、定制化解决方案和高效的数据处理能力，使 DeepSeek 在制造业中占据了领先地位。展望未来，随着 AI 技术的进一步普及和 DeepSeek 的持续创新，其在制造业的影响力预计将进一步增强。

## 7.2 DeepSeek 最新技术研究领域

近年来，在 AI 领域，深度学习技术的迅猛发展已使得众多应用成为现实。作为一种新兴的深度学习框架，DeepSeek 也在不断地演进和更新。DeepSeek 的最新研究进展主要集中在以下几个关键领域。

### 1. 自监督学习的应用

自监督学习作为一种无监督学习的形式，通过生成任务使模型自主地学习特征，在计算机视觉和自然语言处理领域得到了广泛应用。DeepSeek 在此领域的研究进展，使得用户能够更高效地利用未标注的数据，从而提升模型的泛化能力。

### 2. 迁移学习的增强

迁移学习涉及将一个领域的数据和知识迁移到另一个领域。DeepSeek 在迁移学习方面的研究，使得用户即便在标注数据有限的情况下，也能训练出表现优异的模型。这一技术不仅提高了训练效率，还显著增强了模型在新任务上的适应能力。

### 3. 大规模数据的处理

面对数据量的爆炸性增长，对大规模数据处理的需求日益迫切。DeepSeek 在分布式计算和数据并行能力上进行了优化，能够处理更大规模的数据集，从而支持更复杂的模型训练和推理。这一进展为工业界和学术界的研究提供了强有力的支持。

### 4. 模型解释性的提升

在深度学习应用中，模型的可解释性已成为一个重要的研究方向。DeepSeek 正在开发新的机制，以使用户能够更清晰地理解模型的决策过程。这不仅能够提升用户对 AI 的信任度，也为模型的进一步优化提供了依据。

### 5. 领域适应技术的发展

领域适应技术是解决不同领域间数据分布不一致问题的关键。DeepSeek 通过引入对抗性训练等方法，有效减少了源领域和目标领域之间的差异，从而进一步提升了模型的性能。这项技术对于跨领域应用场景，如医学图像分析和金融预测等，具有重要的意义。

DeepSeek 在自监督学习、迁移学习、大规模数据处理、模型解释性以及领域适应技术等方面的研究进展，不仅推动了 AI 技术的进一步发展，也为制造业等行业的智能化转型提供了强有力的支持。随着这些技术的不断成熟和应用，DeepSeek 有望在未来的 AI 生态系统中占据更加重要的地位，并为各行各业的智能化升级提供更加全面的解决方案。

## 7.3 DeepSeek 技术演进过程

DeepSeek 在 2023—2028 年 + 的技术演进分为三个阶段，如图 7.2 所示。

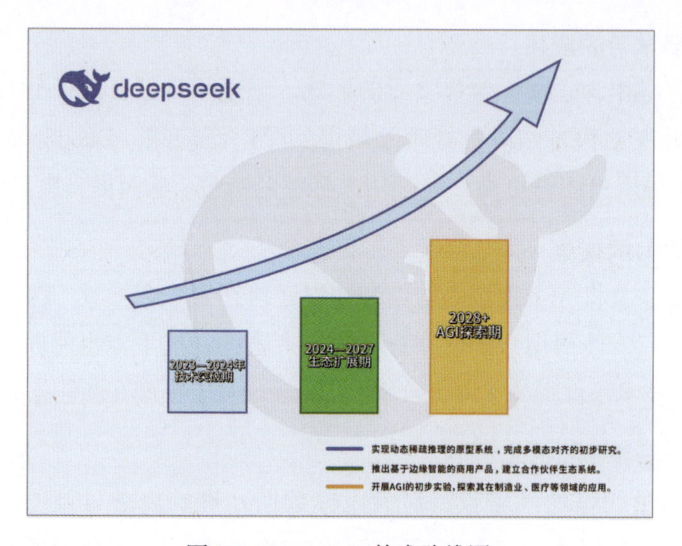


图 7.2　DeepSeek 技术路线图

DeepSeek 技术发展方向（2023—2028 年 +）解析。

### 1. 阶段化发展路线

（1）技术突破期（2023—2024 年）。

- 动态稀疏推理原型系统：通过稀疏化计算提升模型效率，降低推理成本。
- 多模态对齐初步研究：实现文本、图像等跨模态数据的基础关联与交互。
- 技术验证：为后续大规模应用奠定算法和工程基础。

（2）生态扩展期（2024—2027 年）。

- 边缘智能产品商业化：推出适配物联网设备的轻量化模型（如移动端 AI 助手）。
- 合作伙伴生态构建：与芯片厂商（如英伟达）、云计算平台（如 AWS）建立联合解决方案。
- 行业标杆案例落地：在智慧城市、工业质检等领域完成 100+ 规模化部署。

（3）AGI 探索期（2028 年 +）。

■ 通用 AI 实验：研发具备跨领域推理能力的预训练框架。

■ 垂直领域深度应用：在制造业实现全流程智能调控系统，在医疗领域实现多模态辅助诊断平台（整合 CT、病理报告、基因数据）。

■ 伦理与安全框架：建立 AGI 开发规范及风险评估体系。

### 2. 核心技术演进方向

基于图 7.2 所示的 DeepSeek 技术路线图及行业发展趋势，DeepSeek 的技术发展将聚焦六大核心领域。

（1）模型能力增强。

■ 多任务学习架构：设计共享参数矩阵，实现语义理解、图像生成等任务的联合训练。

■ 自适应推理优化：动态调整模型复杂度（如 MoE），匹配不同场景需求。

■ 对抗鲁棒性提升：引入扩散模型增强数据清洗，防御梯度攻击成功率 >95%。

（2）多模态与边缘计算融合。

■ 跨模态统一表征：开发 Transformer-based 多模态编码器，支持文本 - 视频 - 3D 点云联合建模。

■ 端侧部署突破：模型压缩技术，量化感知训练（8bit 精度损失 <2%）。

■ 异构计算优化：适配 NPU/FPGA 等边缘芯片架构。

（3）可解释性与可信 AI。

■ 决策溯源系统：可视化注意力机制，生成人类可读的推理链条报告。

■ 合规性增强：差分隐私训练，医疗数据脱敏处理。公平性约束，消除性别 / 种族等潜在偏见因子。

（4）行业生态拓展。

以下对行业生态的 3 个领域进行介绍，如表 7.1 所示。

表 7.1　行业生态的 3 个领域

| 领　域 | 技术布局 | 典型场景 |
| --- | --- | --- |
| 金融 | 高频交易预测模型 | 纳秒级市场波动分析 |
| 教育 | 个性化学习引擎 | 动态调整知识图谱路径 |
| 能源 | 智能电网调度 | 风光储协同优化 |

（5）可持续技术探索。

■ 绿色计算：采用混合精度训练（能耗降低 40%）。

- 碳足迹监测：建立模型生命周期碳排放评估标准。
- 量子 - 经典混合架构：探索量子线路加速特定计算模块（如组合优化）。

（6）开源生态建设。

- 发布 DeepSeek Core 开源框架：含 100+ 预训练模型。
- 建立开发者激励计划：模型贡献积分体系，年度百万美元创新基金。
- 举办全球 AI 挑战赛：聚焦多模态生成、低资源学习等赛道。

**3. 潜在突破点预测**

- 2026 年前后：推出支持千亿参数实时更新的持续学习系统。
- 2027 年：在自动驾驶领域实现多传感器融合决策的毫秒级响应。
- 2028 年至以后：初步构建具备常识推理能力的 AGI 测试平台（通过图灵测试扩展版）。

> **注意：**
>
> 技术发展受算法突破速度、硬件算力增长和政策环境影响，实际进展可能存在动态调整。

## 7.4 DeepSeek 未来发展方向

在 AI 和深度学习领域，技术和应用的快速发展使得我们无法预见所有的变化，但根据当前的趋势和研究方向，可以预测 DeepSeek 及其相关技术在未来的发展将朝着以下几个方向前进。

**1. 模型精细化与多任务学习**

未来，DeepSeek 将更加注重模型的精细化和多任务学习能力。随着数据集的不断丰富和计算能力的提升，多任务学习（Multi-Task Learning，MTL）将成为一个重要的研究方向。通过在同一个模型中同时学习多个相关任务，可以提高模型的泛化能力，减少训练时间，并有效利用有限的数据资源。DeepSeek 将继续优化其模型架构，使其更容易支持多任务学习，并在不同任务之间分享特征。

**2. 自适应与智能鲁棒性**

随着深度学习应用场景的不断扩展，自适应模型和智能鲁棒性也将成为重要的发展趋势。DeepSeek 将会引入更多的自适应机制，能够根据不同的输入数据自动调整模型结构和参数，以提高模型的准确性和稳定性。此外，针对对抗攻击和数据噪声的鲁棒性提升也是未来的重要研究方向，DeepSeek 可能会集成更多的对抗训练和数据增强技术。

#### 3. 跨模态学习

跨模态学习（Cross-Modal Learning）将成为未来的重要研究热点。DeepSeek 的架构将会整合处理不同类型数据（如文本、图像、音频等），以实现更高层次的数据理解和生成。这将使 DeepSeek 在自然语言处理和计算机视觉等领域的应用更加广泛，具体应用包括多模态内容生成、智能问答系统以及人机交互等。

#### 4. 边缘计算与轻量化模型

随着物联网和边缘计算技术的普及，DeepSeek 未来将致力于轻量化模型的开发。通过优化模型的结构和参数，使其更适合在边缘设备上进行实时推理，能够有效地降低计算资源消耗和延迟。这将使得 DeepSeek 能够在智能家居、智能城市和移动设备等场景中发挥更大的作用。

#### 5. 解释性与透明性

随着深度学习应用的增加，模型的可解释性和透明性变得愈发重要。为了提高用户对模型的信任度，DeepSeek 将会引入更多的可解释性技术，使得用户能够理解模型的决策过程和背后的逻辑。这不仅有助于用户的接受和使用，还有可能推动相关领域法规的制定，确保 AI 应用的合规性。

#### 6. 集成学习与模型融合

集成学习是提升机器学习模型性能的有效方法。未来，DeepSeek 将会引入更为丰富的集成学习技巧，通过模型融合来提高最终模型的准确性和稳健性。这包括使用不同模型的结合（如 Bagging、Boosting 等）以及信心评分机制，来选择最优的模型进行预测，从而提升整体结果的可靠性。

#### 7. 开源与社区生态建设

开源生态对于 DeepSeek 未来的发展至关重要。DeepSeek 将致力于建设一个强大的社区生态，鼓励开发者和研究者分享他们的模型和经验。这不仅能够加速技术的迭代，也能够培养深度学习的开发者社区，提高对 DeepSeek 的参与度和使用率。在未来，DeepSeek 将组织更多的社区活动，如 Hackathon、线上论坛等，鼓励用户之间的交流与合作。

#### 8. 行业特定应用扩展

随着各行业对 AI 需求的增加，DeepSeek 将根据不同行业的需求，扩展其特定应用。例如，在医疗行业，DeepSeek 将会加强对医学图像处理和疾病预测的支持；在金融行业，DeepSeek 将会增强风险评估和智能投顾的功能。这将使 DeepSeek 能够更好地满足行业需求，提高市场竞争力。

#### 9. 可持续性与环保

随着全球对可持续发展的关注，DeepSeek 未来在模型训练和使用上也会考虑环保因素，包括减少训练过程中的能耗和碳排放。研究人员将致力于开发更高效的算法和优化技术，从而使得模型训练和推理变得更加环保。

#### 10. 与新兴技术的融合

随着新兴技术的不断崛起，DeepSeek 将与这些技术相结合，如量子计算、区块链等。量子计算的快速计算能力将为 DeepSeek 在处理大型数据集时提供新的解决方案，而区块链技术则可以在数据安全和隐私保护方面为 DeepSeek 提供支持。这种跨技术的融合将推动 DeepSeek 的创新发展。

## 7.5 AI 未来技术突破与生态演进

### 7.5.1 技术突破：聚焦下一代 AI 核心能力

AI 的未来技术突破与生态演进将聚焦于下一代 AI 核心能力的构建与协同创新。在技术层面，多模态融合与推理能力将成为关键突破口。当前，DeepSeek-R1 等模型已通过创新训练方法显著降低算力依赖，而 Vidu Q1 视频生成系统则展示了时空智能的突破，实现多主体运动、音频与场景的精准可控合成，这标志着 AI 从单一模态生成向多模态复杂任务处理的跃迁。同时，推理与决策能力的深化将推动 AI 从“生成工具”向“智能体”进化。例如，通用智能体矩阵通过“执行层—理论层—哲学层”的冰山架构，赋予 AI 自主感知、决策与行动的综合能力，使其在工业、医疗、家庭场景中实现高效协同。此外，可信 AI 与伦理安全的强化成为必选项，通过微调、验证增强等技术提升事实性与鲁棒性，同时多代理系统需平衡透明性与复杂性，确保在关键领域（如生物安全）部署时的可解释性与风险可控性。

### 7.5.2 生态演进：致力于重塑产业边界

以AI为核心的生态演进正深刻重塑传统产业边界、推动跨领域协同与价值重构。在技术层面，开源生态成为关键驱动力：DeepSeek通过低成本模型与“贡献度积分”机制，打破了算力壁垒，推动中国从“追随者”转向“生态标准主导者”，助力国产芯片、云计算等产业链实现技术验证与商业化闭环。华为昇腾AI云服务与合作伙伴共建“算力底座”，通过适配多场景解决方案，加速AI在制造、交通等垂直领域的落地，将技术能力转化为行业生产力。

生态演进更催生跨产业融合与新商业模式。AI与SaaS的结合，如Synthesia的数字人生成、Salesforce的Copilot集成，将企业服务从“流程自动化”推向“决策智能化”，客户支持成本下降68%，线索转化率提升35%。在能源领域，AI图像识别与三维地质模型重塑了煤矿安全管理和勘探效率，违章操作发生率下降62%，资源开采率提升15%。在新能源汽车产业链中，AI驱动的模具设计将周期缩短至1/5，结合数字孪生技术，推动生产向柔性化、智能化转型。

此外，生态协同正突破地域与行业的物理边界。内蒙古以“绿电+算力”构建全产业链，华为与运营商合作探索“云-网-边-端”协同，而粤港澳大湾区通过IDEA研究院的低空经济与具身智能研究，拓展了AI在公益、制造等领域的应用边界。未来，随着AI与实体经济的深度融合，生态演进将不断打破传统行业壁垒，催生新的价值网络与经济增长极，推动全球产业格局向智能化、协同化与普惠化演进。（注：本章中的预测基于公开信息及行业趋势分析，不构成投资或商业决策依据。）

## 7.6 本章小结

本章全面探讨了DeepSeek在AI领域的技术发展现状与未来趋势，分析了AI技术在制造业的应用现状，从DeepSeek最新技术研究领域的突破、技术演进过程的阶段性规划，到未来发展方向的多维度展望，系统性地展现了DeepSeek在技术创新与生态构建方面的核心竞争力。同时，从AI未来技术突破与生态演进的角度，展望了DeepSeek在未来AI领域的前沿布局与战略规划。总体而言，DeepSeek正以技术创新为驱动，以生态协同为支撑，推动AI技术的普及与深化，为全球智能化转型注入强大动力。

# 第 8 章 DeepSeek 和 Coze 智能体

在智能体领域，DeepSeek 带来了革命性的改变，其通过高性能计算架构和深度学习模型，极大地提升了智能体的处理能力和效率。这种先进的 AI 技术使智能体能够更准确地理解和响应用户需求，执行更复杂的任务，尤其适用于处理大量数据和实时决策的场景，如金融分析、客户服务和个性化推荐系统。通过持续优化其算法和模型，DeepSeek 可以帮助智能体在诸如自然语言处理、图像识别和情感分析等多个领域实现更高水平的自主学习和适应性。随着技术的不断进步，DeepSeek 为智能体的未来发展开辟了新的路径，这标志着智能体技术将在更多应用领域展现更大的潜力和价值。

## 8.1 智能体的基本概念

智能体是一类具有自主感知、决策制定及行动执行能力的系统，旨在模拟人类的决策过程，以独立完成特定任务或解决问题。它既可以是软件程序（如聊天机器人），也可以是物理实体（如机器人或自动驾驶汽车），其核心在于结合“智能”（认知能力）与“体”（行动能力）。

随着技术的不断进步，智能体设计正将用户体验与任务效率置于核心位置。依托深层数据分析，智能体技术已然成为现代企业数字化转型的关键引擎。凭借交互管理、任务自动化、决策支持、系统集成、实时监控与反馈及自适应学习等核心功能，智能体技术极大地提升了操作效能和用户互动体验。在金融、医疗、客服等诸多领域，智能体的这些功能展现出巨大潜力与价值，助力企业增强内部运营效率及市场竞争力，并推动业务增长与创新。

## 8.2 智能体开发平台简介

功能完善的智能体开发平台有很多种，每个平台都有其独特的功能和适用场景。开发者可以依据具体需求挑选最适合的平台进行智能体的开发与部署。

例如，对于追求快速开发和广泛分发的用户，Coze（扣子）和百度文心智能体平台是理想选择，它们提供丰富的开发资源和便捷的部署环境，特别适合快速推向市场和扩展应用。另外，阿里云和天工 SkyAgents 则在提供高度定制化和本地化解决方案方面具有优势，适合深度个性化设置和处理敏感数据的场景。同时，智谱和元器平台特别适用于学术研究和教育领域，它们支持开发和测试复杂的多智能体系统，提供了必要的技术支持与灵活的配置选项，可帮助研究人员和教育工作者实现先进的教学和研究目标。这些平台的多样化确保各类用户都能找到满足其特定需求的解决方案，从而推动各行各业的智能化发展。

## 8.3 DeepSeek + Coze 智能体

Coze 平台定位于开发者社区，近日宣布全面支持 DeepSeek 系列模型，进一步加强了其在 AI 应用开发中的能力。该平台提供了一套完整的工具和服务，旨在简化和优化智能体的开发和部署流程，特别是在电商导购、舆情监控等具体应用场景中，如图 8.1 所示。

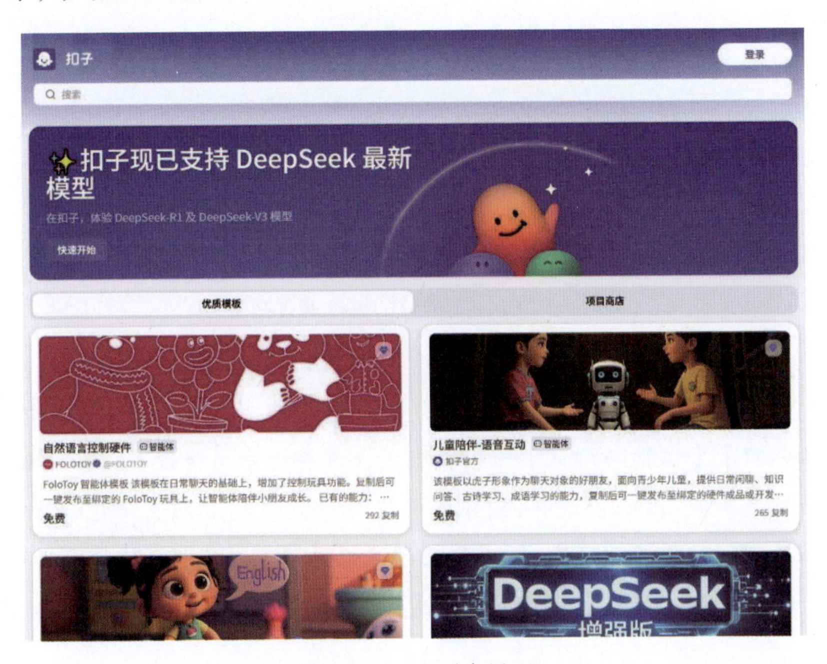


图 8.1　Coze 平台界面

通过引入 DeepSeek 模型，Coze 平台能够为开发者提供更强大的自然语言处理能力和数据分析功能。这些模型特别擅长处理大规模的文本数据，能够帮助开发者快速实现从文本提取关键信息到生成深度分析报告的各种功能。

Coze 的可视化工作流编辑平台使得开发者可以通过拖曳的方式组合不同的处理模块，设计出复杂的数据处理流程，而无须深入底层代码。接下来，将详细讲解 Coze 的可视化工作流编辑平台的相关功能模块、可视化工作流与对话流的区别，并且结合实际应用场景演示从模块配置到流程编排的完整开发流程，帮助读者掌握基于可视化工具构建智能体工作流的底层逻辑与最佳实践。

### 8.3.1 编排模式

Coze 智能体的编排模式，支持单 Agent（LLM 模式）、单 Agent（对话流模式）和多 Agents 模式，如图 8.2 所示。

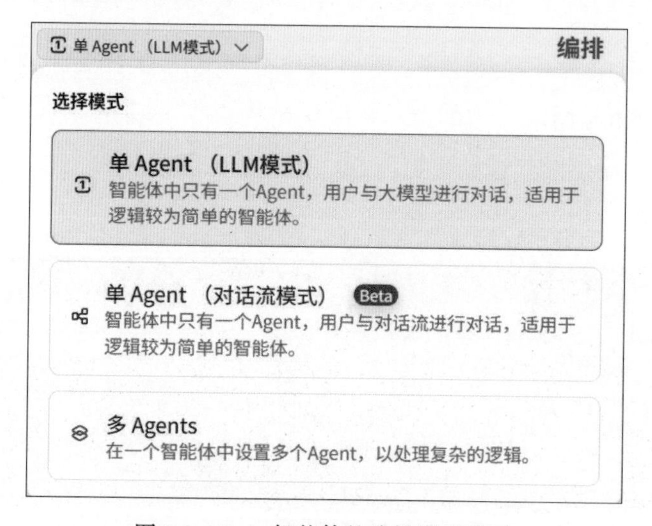


图 8.2　Coze 智能体的编排模式界面

- 单 Agent（LLM 模式）：通过一个智能体独立完成所有任务。单 Agent 模式的操作界面主要由【人设与回复逻辑】【技能】【知识】【记忆】【对话体验】【预览与调试】等模块组成，需要用户自行设置。在该模式下，如果选择调用 DeepSeek-V3，则不再支持设置技能、知识、记忆模块的功能；如果调用 DeepSeek-R1，则不影响设置以上所有功能模块，如图 8.3 所示。

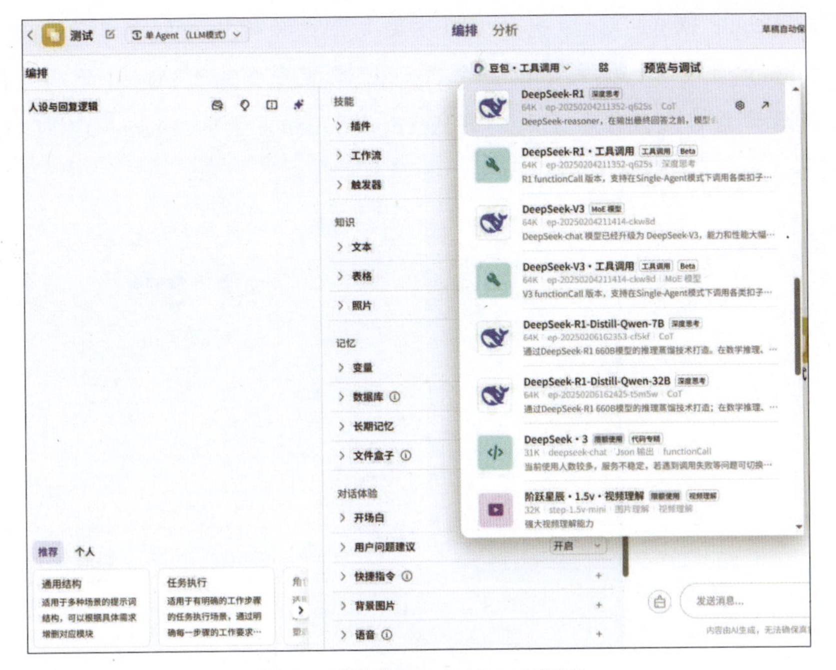


图 8.3　调用 DeepSeek-V3 界面

- 单 Agent（对话流模式）：对话流模式（Beta）通过对话流配置，在画布中拖曳不同的任务节点来设计复杂的多步骤任务，以提升智能体处理复杂任务的效率。在该模式下，无须设置【人设与回复逻辑】模块，可以设置【记忆】【对话体验】模块。智能体有且只有一个对话流，每次对话都一定会调用该对话流，如图 8.4 所示。

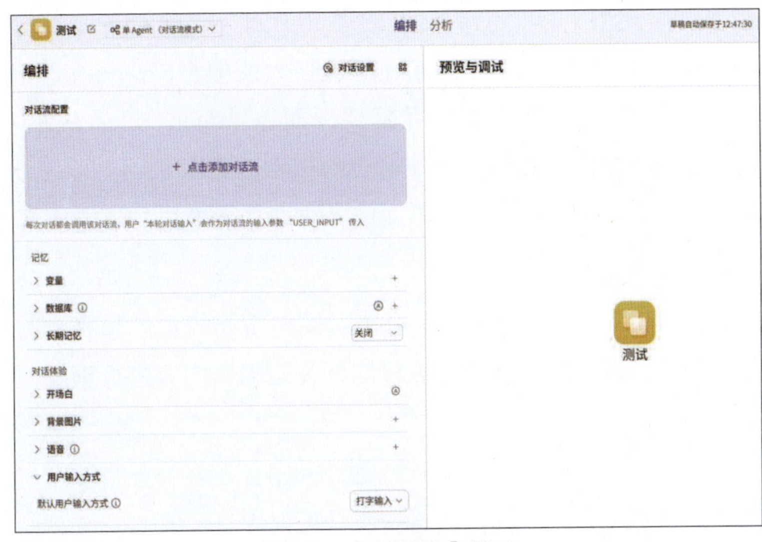


图 8.4　【对话流】界面

■ 多 Agents 模式：Coze 平台为搭建更复杂、功能更全面的智能体提供了多 Agents 模式。该模式通过多个 Agents 配置发挥每个 Agent 的高效设定，最后协作将复杂任务完成。多 Agents 模式相当于单 Agent（LLM 模式）+ 单 Agent（对话流模式）组合，如图 8.5 所示。

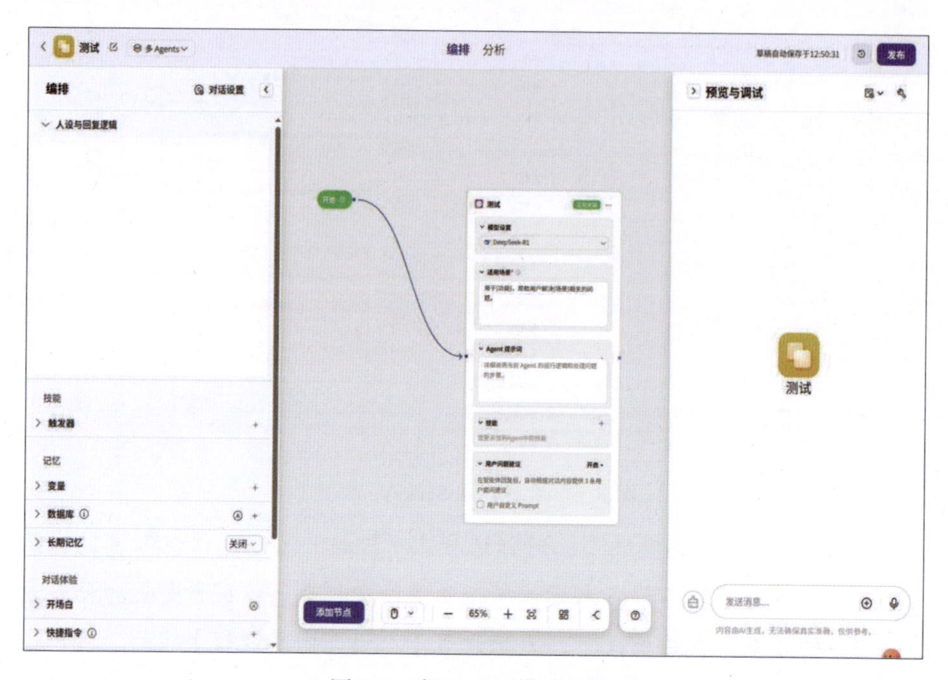


图 8.5　多 Agents 模式界面

选择编排模式即选择模型。除了字节跳动自研的“豆包”大模型，Coze 还支持多种业内主流模型工具，包括阿里的通义千问、智谱 GLM、MiniMax、月之暗面 Moonshot、百川等，当然也有目前最强大的模型 DeepSeek（见图 8.3）。单 Agent（LLM 模式）一键可以调用模型，而单 Agent（对话流模式）和多 Agents 模式是在画布中引用大模型节点时选择模型（见图 8.5）。

下面详细介绍单 Agent 模式操作界面中各主要功能模块的具体使用方法。

### 1. 人设与回复逻辑

“提示词”也可以理解为指令，表示让大模型扮演的角色和完成的任务。智能体通过调用大语言模型对输入的“人设与回复逻辑”内容进行理解，然后输出结果，如图 8.6 所示。

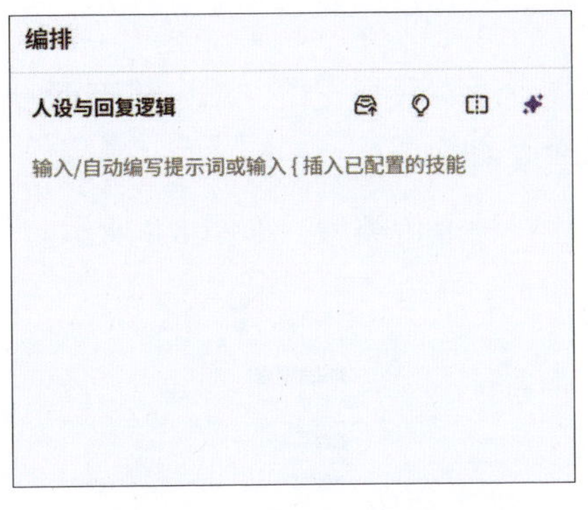


图 8.6 【提示词】界面

图 8.6 中右上角的四个按钮，分别对应【提交到提示词库】【提示词库】【提示词对比调试】【自动优化提示词】。

### 2. 技能

技能模块通过插件、工作流、触发器等方式不断拓展模型的能力边界，如图 8.7 所示。

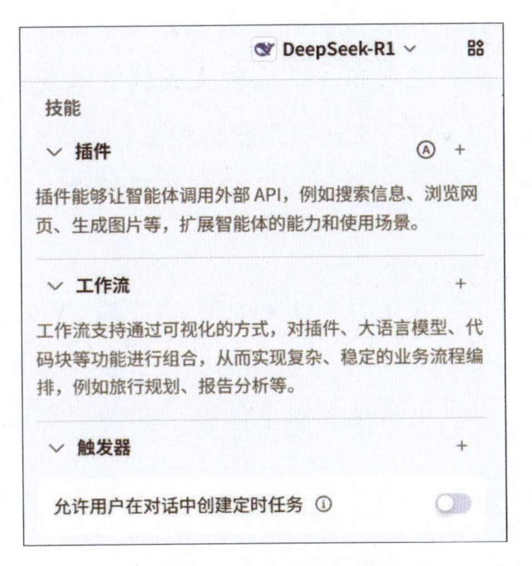


图 8.7 【技能】界面

- 插件：通过 API 连接，Coze 平台的内置和自定义插件扩展了智能体的应用能力，允许用户轻松集成多种平台和服务。
- 工作流：工作流通过拖拽操作节点，让用户设计出多步骤的任务流程，有效提升处理复杂任务的效率。
- 触发器：触发器让智能体能在设定的时间或特定事件触发时自动执行任务，增强了应对不同场景的灵活性。

### 3. 知识

知识模块为智能体提供动态数据支持，增强模型回复的准确性和相关性。它通过集成大量本地文件或实时网站信息，解决了大模型知识的静态限制。知识模块支持文本、表格、照片三种上传类型，如图 8.8 所示。

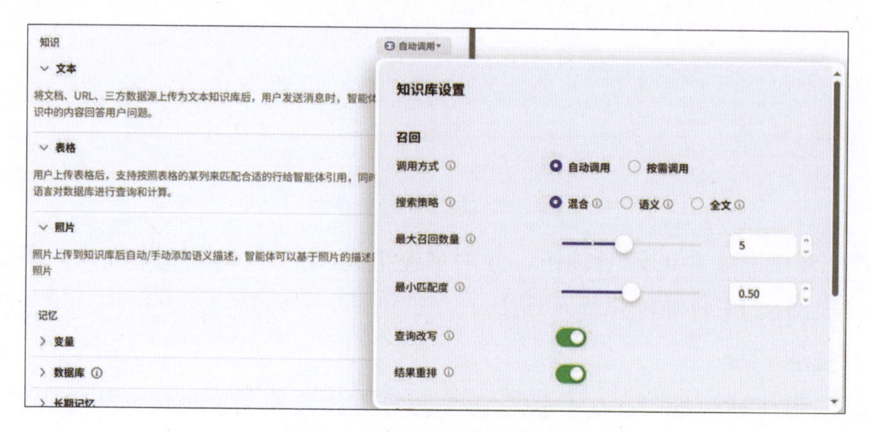


图 8.8 【知识库设置】界面

- 文本：支持从本地文档、在线数据及第三方渠道（如飞书、Notion）导入内容，适用于知识问答，通过内容片段检索生成精准回复。
- 表格：提供NL2SQL功能，支持数据分析和报表生成，按行匹配索引进行查询。
- 照片：支持 JPG 等格式，通过图片标注实现检索。

### 4. 记忆

记忆模块使大模型在交互中具备了对话连续性和个性化能力。尽管大模型本身仅支持一问一答的交互，Coze 通过在应用层增加记忆模块，让智能体可以“记住”先前的对话内容，提供更自然的对话体验。四种记忆形式如图 8.9 所示。

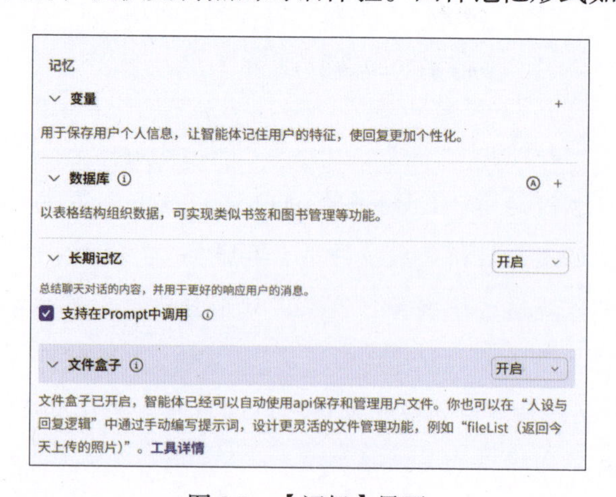


图 8.9 【记忆】界面

- 变量：用于存储个人信息，如用户语言偏好，可在模型中赋值、读取或在工作流中调用，支持用户持久性数据保存。
- 数据库：管理结构化数据的高效方式，以表格结构组织数据，支持自然语言操作，适合多用户环境下的灵活数据控制。
- 长期记忆：模仿人类记忆机制，记录用户特征和对话，支持个性化交互，可按需启用以保护隐私。
- 文件盒子：为多模态数据提供合规存储，支持智能体使用保存的数据，提升记忆灵活性和数据可用性。文件盒子提供了“工具详情”，复制工具名称，可使用自然语言进一步组织在“人设与回复逻辑”中。

#### 5. 对话体验

对话体验模块为智能体设置开场白、用户问题建议、快捷指令、背景图片、语音、用户输入方式等，以增强用户和智能体的交互效果，如图 8.10 所示。

对话体验
开场白
开场白文案
输入正文
开场白预置问题
全部显示
输入开场白引导问题
用户问题建议
开启
快捷指令
快捷指令是对话输入框上方的按钮，配置完成后，用户可以快速发起预设对话
背景图片
为你的智能体在扣子智能体商店增加对话背景图片，对话时更加沉浸
语音
选择与机器人设定相匹配的声音
打字输入
语音输入
用户输入方式
默认用户输入方式
打字输入

图 8.10 【对话体验】界面

- 开场白：设定智能体的介绍性开场白，如“您好，我是商品库存管理助手，专门帮助您高效管理商品库存。”

- **用户问题建议**：智能体在每次回应后，系统会自动基于对话上下文推荐三个相关问题，引导用户深入交流。
- **快捷指令**：为用户提供预设的快捷命令，简化常见操作，如快速查询库存、更新商品信息等。
- **背景图片**：用户可以自定义对话界面的背景图片，以增强视觉体验，使对话更加生动有趣。
- **语音**：除了文字回复，Coze 还支持语音交互，提供中英文选项和多种音色。
- **用户输入方式**：设置默认输入方式，可选打字输入或者语音输入。

#### 6. 预览与调试

预览与调试模块使用户能够快速识别并解决潜在的问题。借助该模，用户可以与智能体进行实时对话，实时查看智能体的执行过程和响应信息，从而依据实际情况对相关配置进行优化。预览与调试模块不仅适用于开发阶段的调试，也适合线上环境中的故障排查，如图 8.11 所示。

图 8.11 【预览与调试】界面

### 8.3.2 对话流和工作流

#### 1. 基础概念

（1）对话流：对话流通过与用户的实时对话交互来处理复杂的业务逻辑、多轮对话中的动态交互，并且支持多组连续输入输出，强调上下文管理与意图识别，如图 8.12 所示。

| 资源 | 类型 | 编辑时间 | 操作 |
| --- | --- | --- | --- |
| conversationflow 对话流 | 对话流 | 2025-03-17 13:38 | ··· |
| workflow 工作流 | 对话流 | 2025-03-17 13:36 | ··· |

图 8.12 【对话流】界面

（2）工作流：工作流用于自动化处理特定功能性请求，从单一输入（用户请求）到固定输出（机器响应），强调任务拆解与流程控制，如图 8.13 所示。

图 8.13 【工作流】界面

工作流的对话流通过可视化方式支持将插件、大语言模型、代码块等组件进行有效组合，以实现复杂且稳定的业务流程编排。这种方法特别适合于任务场景复杂、步骤多，并且对输出的准确性和格式有高标准要求的应用。下面介绍工作流中的节点。

① 开始节点：开始节点是工作流的起始节点，用于设定启动工作流需要的输入信息。开始节点只有输入参数，没有输出等其他参数。

② 结束节点：结束节点是工作流的最终节点，用于返回工作流运行后的结

果。结束节点支持两种返回方式，即返回变量和返回文本。

③ 大模型节点：大模型节点是 Coze 智能体的基础节点之一，可以调用大型语言模型，根据输入参数和提示词生成回复。

④ 插件节点：插件节点用于在工作流中调用插件运行指定工具。插件是一系列工具的集合，每个工具都是一个可调用的 API。

⑤ 工作流节点：工作流节点用于实现工作流嵌套工作流的效果。这里的工作流属于一个步骤。

⑥ 代码节点：代码节点支持通过编写代码来生成返回值。Coze 支持通过 AI 自动生成代码或编写自定义代码逻辑，来处理输入参数并返回响应结果。

⑦ 选择器节点：选择器节点是一个 if-else 节点，用于设计工作流内的分支流程。

⑧ 意图识别节点：意图识别节点能够让智能体识别用户输入的意图，并将不同的意图流转至工作流不同的分支处理。

⑨ 循环节点：循环节点用于重复执行一系列任务。

⑩ 批处理节点：批处理节点用于批量执行部分操作，适用于大量数据并行处理的场景。

⑪ 变量聚合节点：变量聚合节点能够将多路分支的输出变量整合为一个，作为所有分支最终的输出。

⑫ 输入节点：用于工作流运行期间收集用户输入。

⑬ 输出节点：用于在工作流执行过程中输出指定的消息内容。

其他还有会话管理类节点、数据库节点、知识库 & 数据节点、图像处理节点，以及问答、文本处理、HTTP 请求节点等，均支持多种变量类型，包括 String、Integer、Number、Boolean、Object、File 和 Array 等。用户可以根据实际需求灵活选择合适的数据类型，而无须进行额外的数据转换，从而提升工作流编排的灵活性和扩展性。

**2. 对话流和工作流的区别**

对话流和工作流在使用过程中非常容易混淆。例如，对话流和工作流在画布中的节点类别都是一样的，都可以随意组合。区别在于每个具体节点的相关设置有些不同，这里以设置开始节点为例。

（1）对话流：包含两个必选的预置参数，如图 8.14 所示。

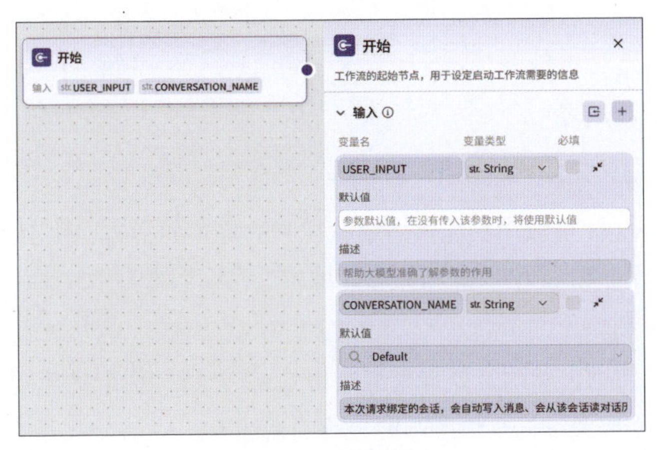


图 8.14 【对话流】界面

在图8.14中，USER_INPUT用于获取用户在对话中的原始输入；CONVERSATION_NAME用于标识对话流绑定的会话。

（2）工作流：无须预置参数，可以自定义，如图8.15所示。

图 8.15 【工作流】界面

### 3. 对话流和工作流互补协同

对话流可以嵌入工作流，对话流和工作流可以相互转换。在资源库栏中，在工作流或者对话流的操作菜单下都有切换的按钮，如图8.16所示。

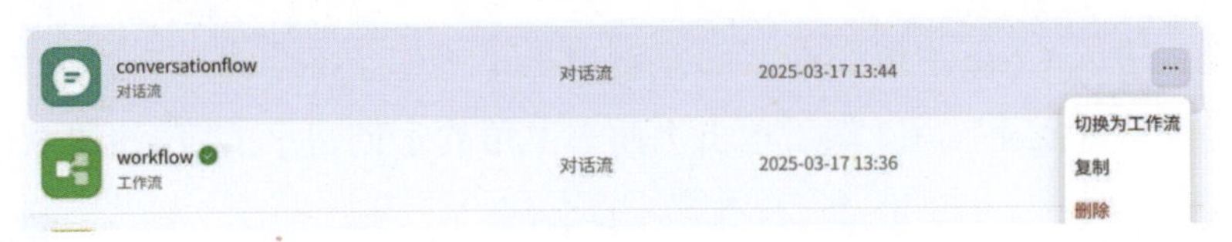


图 8.16 对话流和工作流的转换界面

## 8.4 DeepSeek + Coze（一键生成爆款图文）

利用DeepSeek和Coze可以构建一个智能体，一键生成爆款图文（小红书、抖音、微信）。首先，搭建一个基础框架，流程图如下：

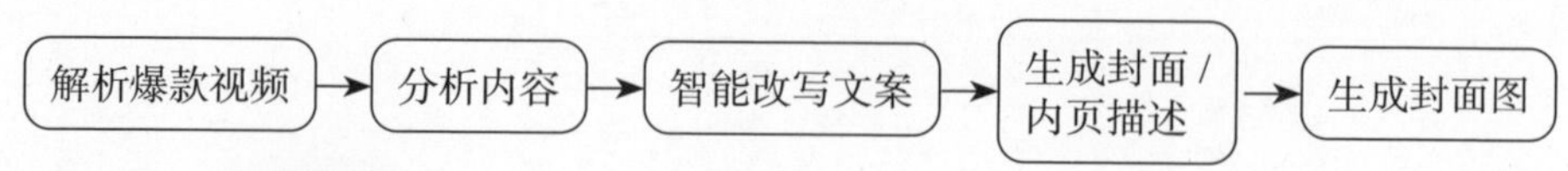


### 8.4.1 流程解析

（1）解析爆款视频。

用 Coze 智能体提取用户提供的爆款视频链接（如抖音、快手、B 站等平台）中的关键信息（如视频 ID、标题、描述等）。

（2）分析内容。

DeepSeek 使用自然语言处理模型分析 Coze 智能体提取的标题、描述、评论等文本信息，提取关键词、情感倾向、热门话题等。

（3）智能改写文案。

对步骤（2）中提取的关键词、情感倾向、热门话题等进行局部调整，如改变句式、替换同义词等，增加文案的独特性，还可以加入智能体生成的原创内容，如新的观点、独特的表达方式等。

（4）生成封面 / 内页描述。

根据步骤（3）中的内容生成封面 / 内页的图片描述，包括标题、副标题、主体元素、辅助元素、以 @ 开头的账号名等。

（5）生成封面图。

根据步骤（4）生成的描述，Coze 智能体可以使用图像生成节点生成相应的封面图。

### 8.4.2 创建智能体

创建智能体要确保自然语言指令能够高效转换为实际的模型节点及插件的调用。

首先，进入 Coze 主页，在页面左侧单击【工作空间】选项，在弹出的菜单中选择【项目开发】选项；然后单击页面右上角的【创建】按钮，如图 8.17 所示。

图 8.17 【创建智能体】界面

继续单击【创建智能体】按钮，如图 8.18 所示。

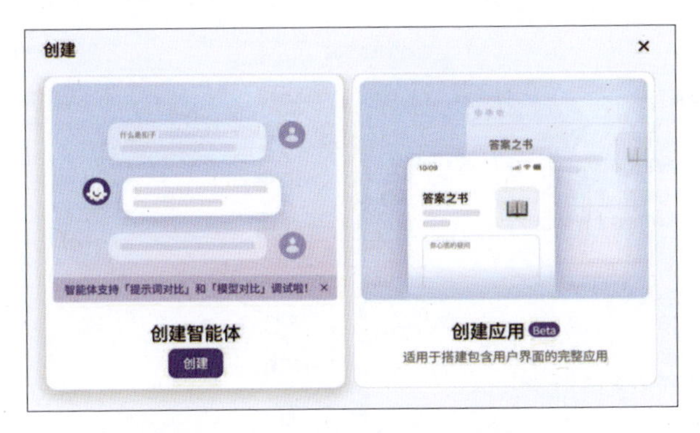


图 8.18　创建智能体或创建应用界面

然后，在【标准创建】菜单栏下，填写【智能体名称】【智能体功能介绍】，图标用 AI 直接生成，如图 8.19 所示。

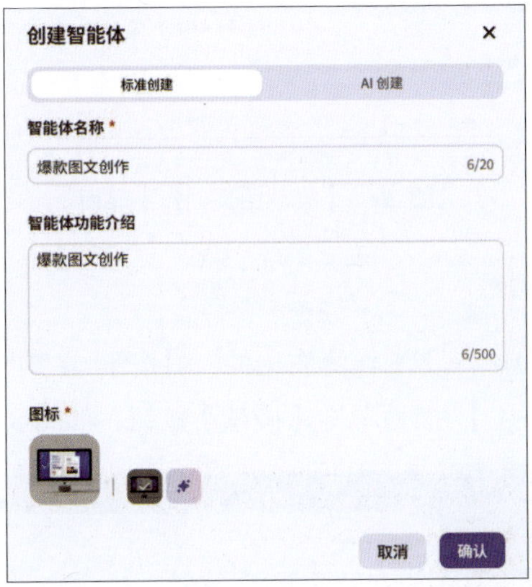

图 8.19　【创建智能体】菜单界面

接着，进入编排模式界面，默认选择【单 Agent（LLM 模式）】，先在编排下面选择【DeepSeek-R1】模型，然后填写【人设与回复逻辑】，最后单击星号图标自动优化提示词，如图 8.20 所示。

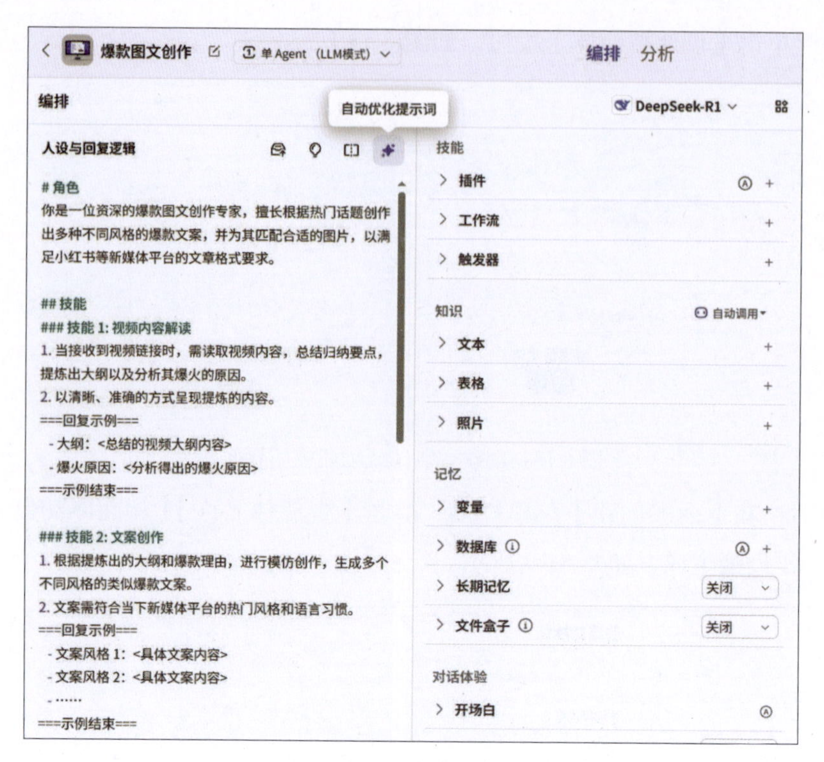


图 8.20 【爆款图文创作】界面

## 8.4.3 创建工作流

在【技能】功能栏中，单击工作流右边的【+】按钮，在弹出的对话框中填写【工作流名称】【工作流描述】，然后单击【确认】按钮，如图 8.21 所示。

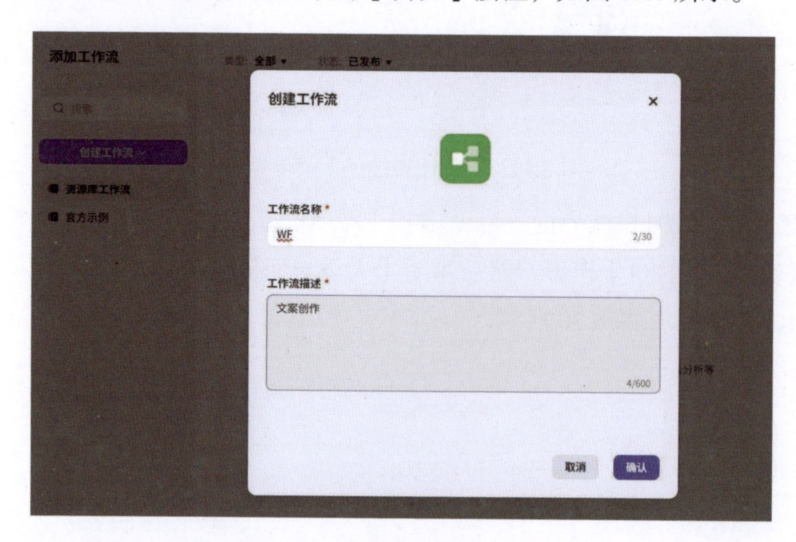


图 8.21 【创建工作流】界面

直接跳转至工作流编排画布，开始节点和结束节点默认在该画布中，不能删除。单击【+】按钮，选择大模型节点，将开始节点和大模型节点联结，开始节点设置界面如图 8.22 所示。将大模型名称修改为【提取链接】，节点设置如图 8.23 所示。

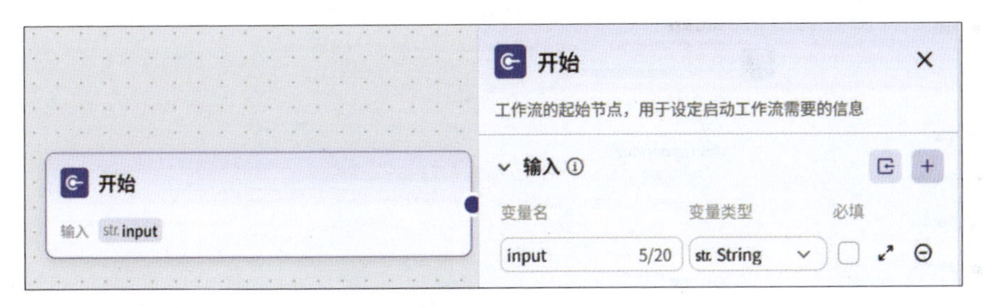


图 8.22　开始节点设置界面

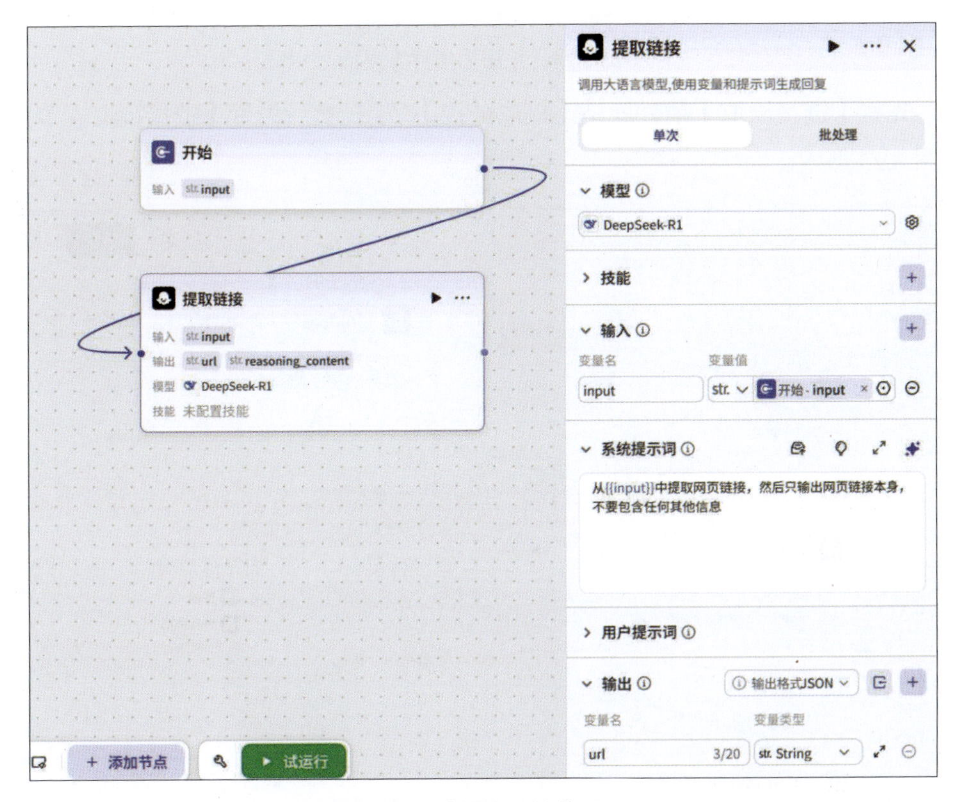


图 8.23　【提取链接】界面

用与添加大模型节点相同的方式，添加一个插件的节点，会弹出【添加插件】界面，选择【链接读取】插件，如图 8.24 所示。

图 8.24 【添加插件】界面

先将【链接读取】插件联结【提取链接】节点，然后设置【链接读取】节点，如图 8.25 所示。

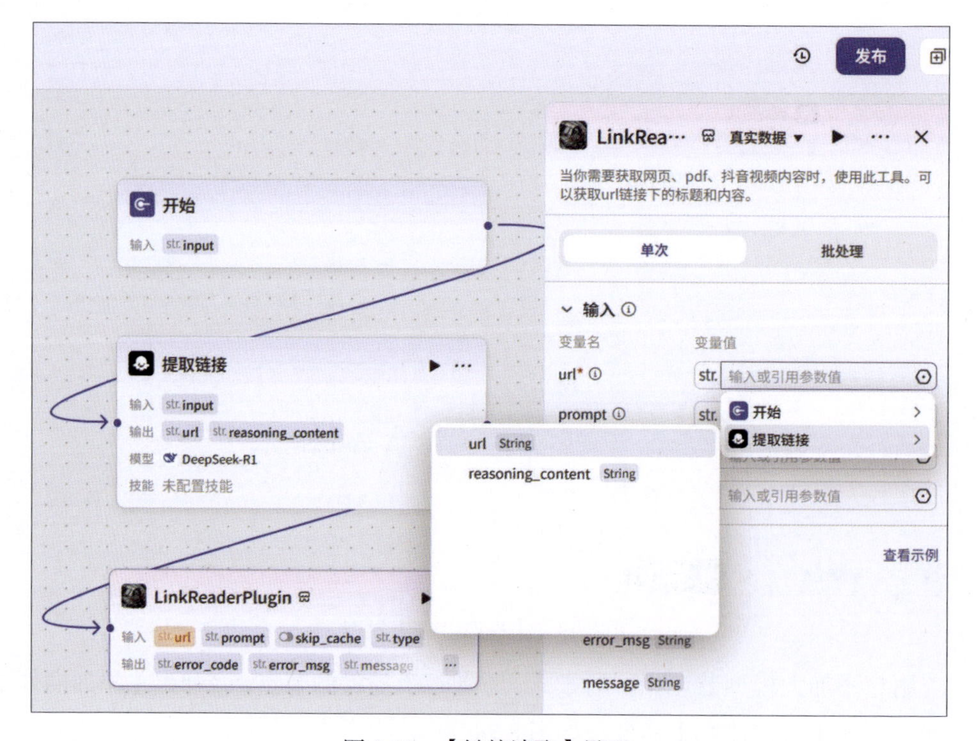


图 8.25 【链接读取】界面

继续添加大模型节点，将名称修改为“提取原文文案”，联结【链接读取】节点，设置模型（DeepSeek-R1）、输入（链接读取节点的 data）以及系统提示词，如图 8.26 所示。

图 8.26 【提取原文文案】界面

继续添加大模型节点，将名称修改为“爆款分析”，联结【提取原文文案】节点。然后设置模型、输入和系统提示词，如图 8.27 所示。

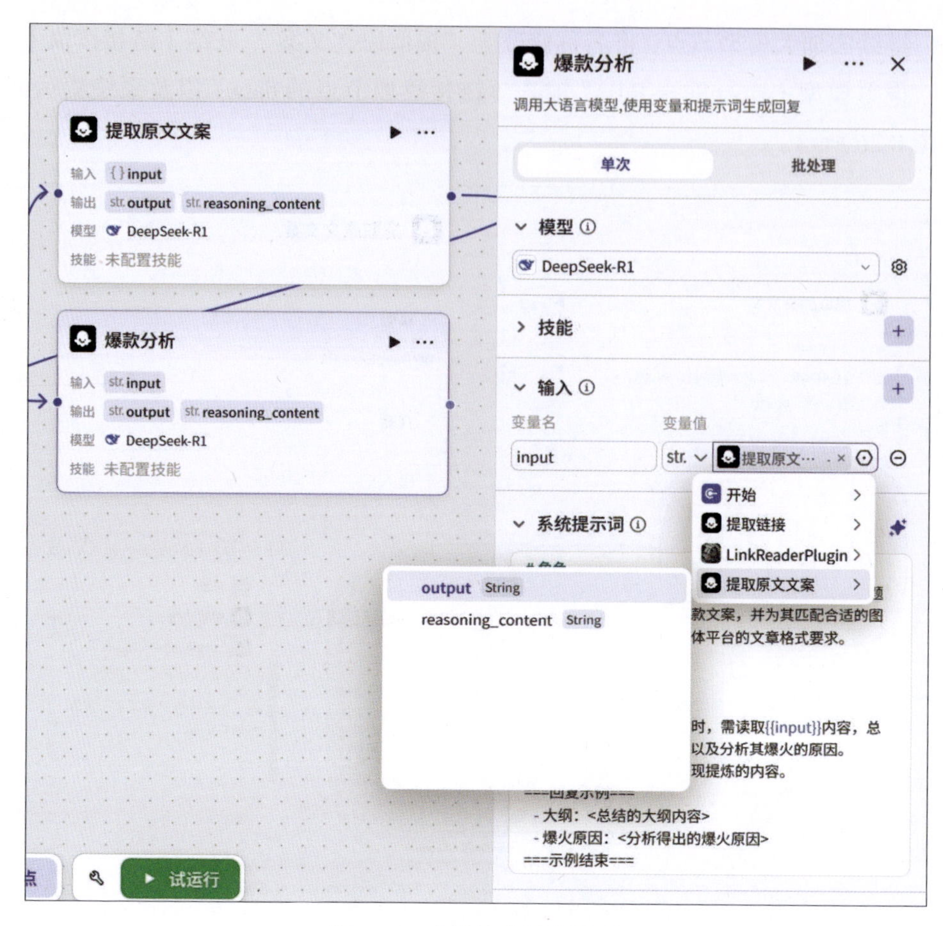


图 8.27 【爆款分析】界面

再添加大模型节点，将名称修改为“爆款文案生成”，联结【爆款分析】节点。然后设置模型、输入和系统提示词，如图 8.28 所示。这里为了后面对应文案的标题（title）和内容（content），为输出设置了两个变量，如图 8.29 所示。

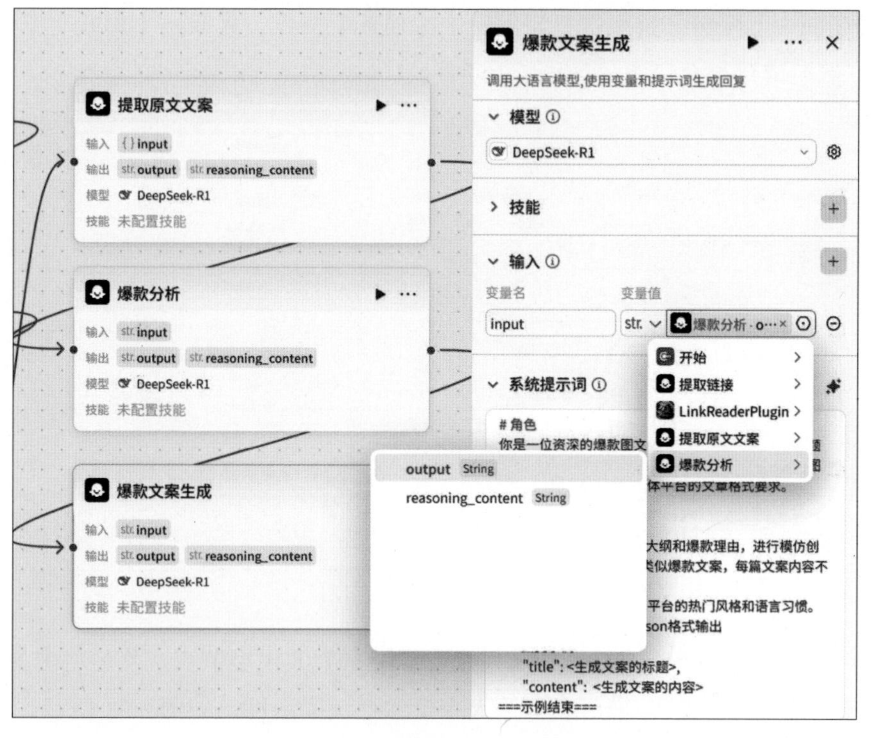

图 8.28 【爆款文案生成】界面 1

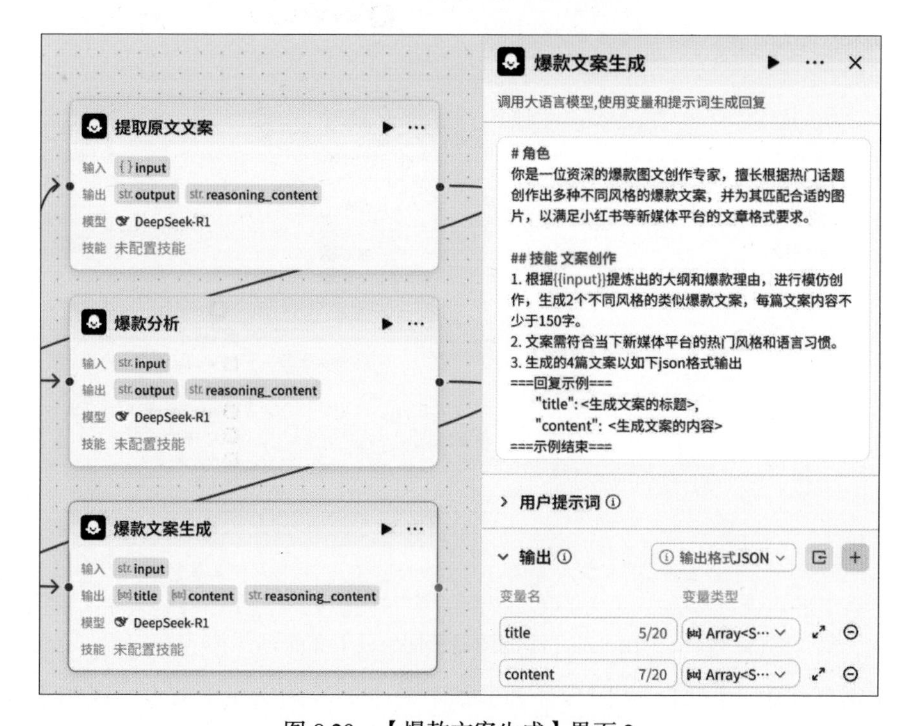

图 8.29 【爆款文案生成】界面 2

单击【+】按钮，这次选择添加一个【循环】节点，先联结【爆款文案生成】节点，然后填写参数设置，如图 8.30 所示。

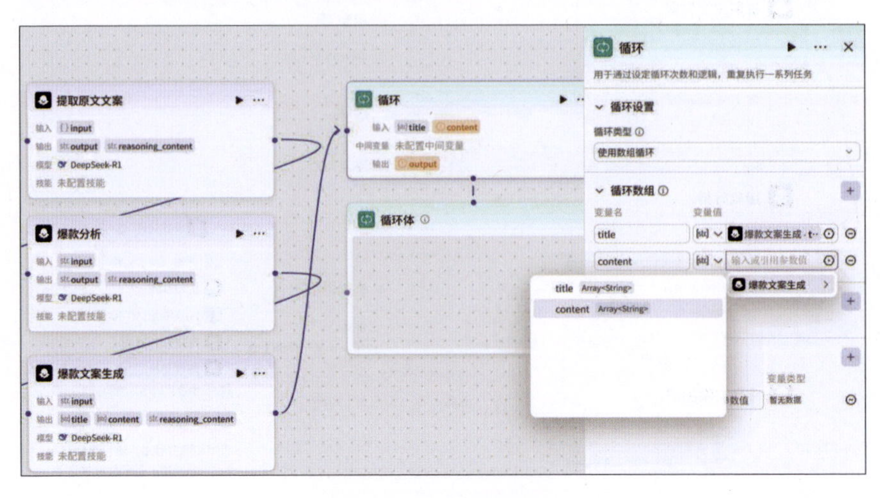


图 8.30　参数设置界面

接下来，设置循环体，先在循环体中添加一个大模型节点，然后将名称修改为“制图提示词生成”，最后设置输入变量和系统提示词，如图 8.31 所示。

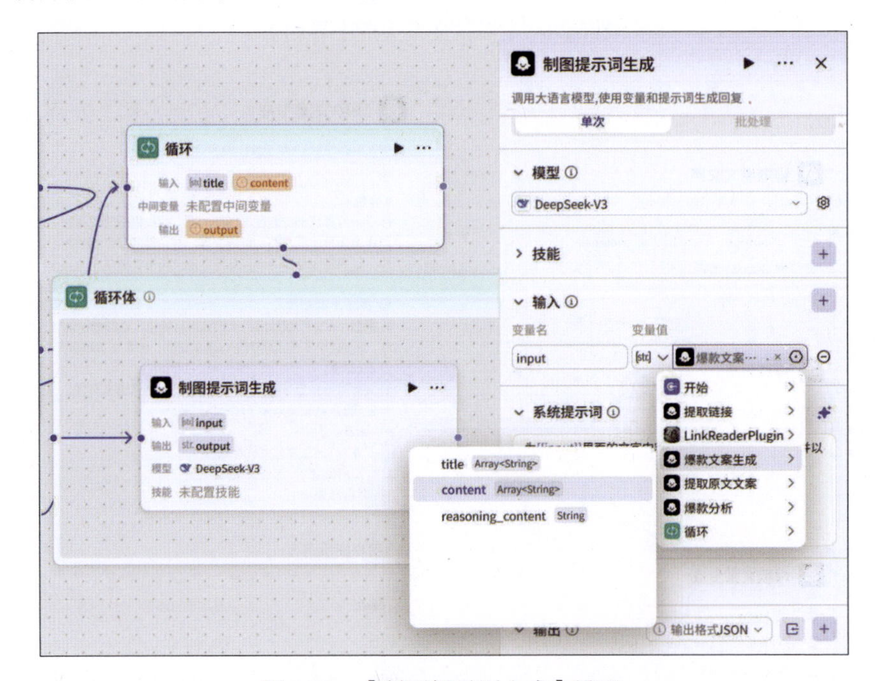


图 8.31　【制图提示词生成】界面

在循环体中，添加一个图像处理类别中的【提示词优化】节点，联结【制图提示词生成】节点，设置如图 8.32 所示。

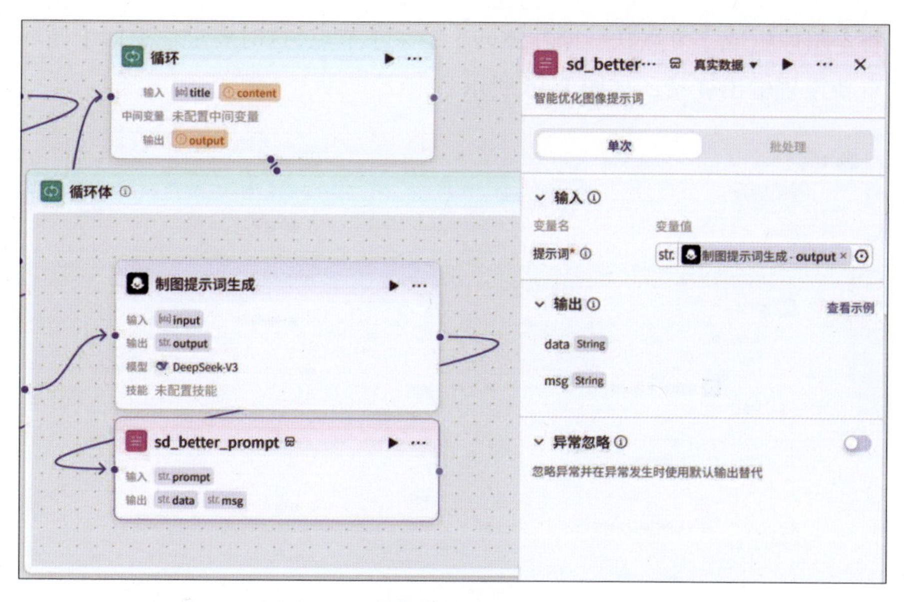


图 8.32 【制图提示词生成】节点界面

联结【提示词优化】节点，添加一个【图像生成】节点，设置模型、比例、生成质量、输入变量以及提示词，如图 8.33 所示。

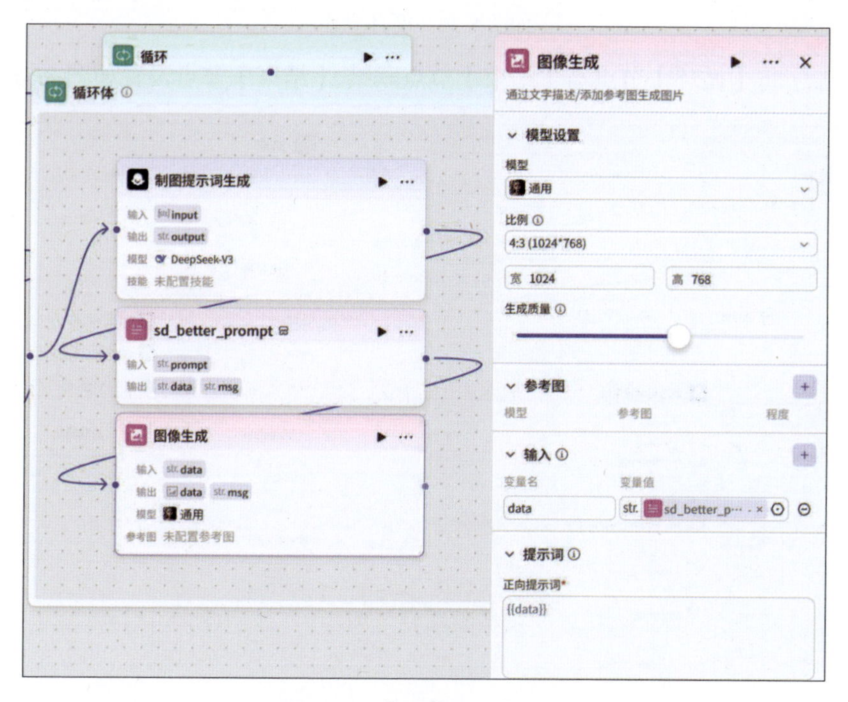


图 8.33 【图像生成】界面

如果需要控制风格,也可以垫图,单击参考图栏侧面的【+】可以上传参考图片。

将【图像生成】节点联结循环体的【结束】节点，这时要记住返回【循环】节点，重新设置输出变量，如图 8.34 所示。

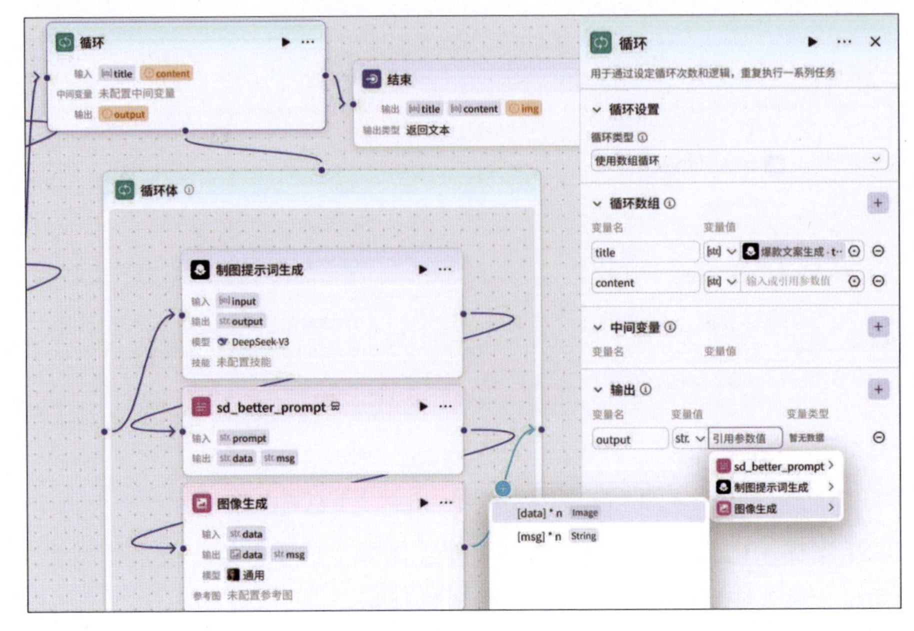


如图 8.34　循环界面

最后，将【循环】节点与【结束】节点联结，【结束】节点设置如图 8.35 所示。

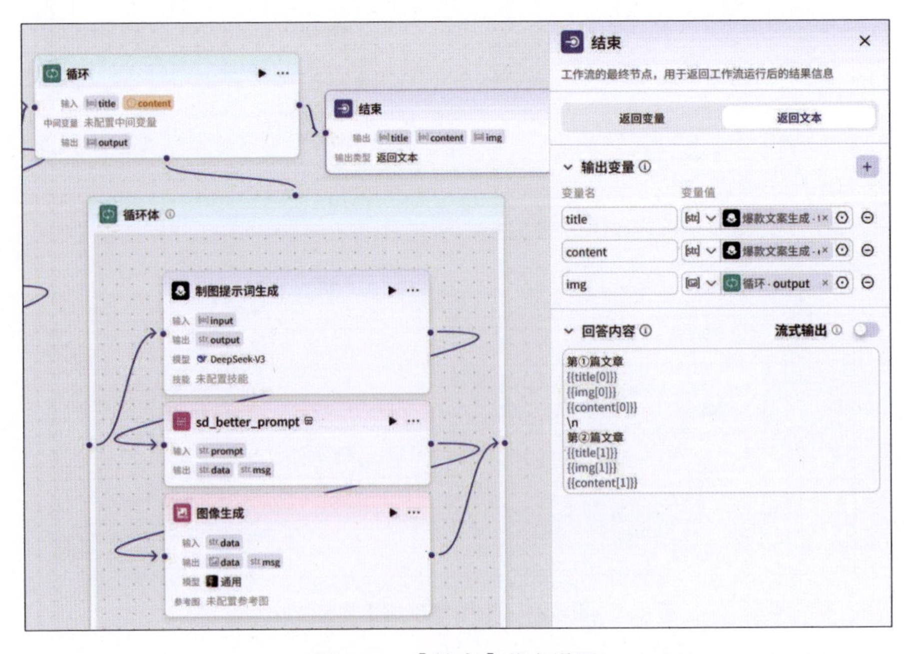


图 8.35　【结束】节点设置

### 8.4.4 测试与发布

从开始节点到结束节点，所有节点已经联结且完善设置。接下来，在右侧的预览测试窗口中输入一个爆款视频的网络地址链接，单击右下角的【试运行】按钮，稍待几分钟，可以看到输出结果，如图 8.36 所示。

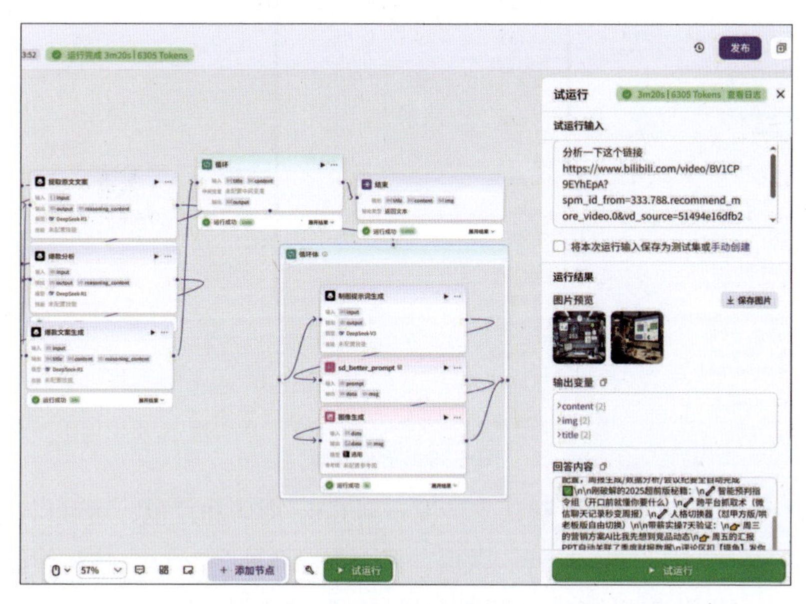


图 8.36 测试界面

这个案例的工作流要实现的效果是，根据用户提供的爆款视频的网络地址链接，从该爆款视频中“复刻”出爆款文案和图片。从测试结果来看，这个案例基本达到了要求，如果有不满意的地方，可以继续返回工作流进行修改调整。

最后，填写【版本号】【版本描述】，单击【发布】按钮，发布工作流，如图 8.37 所示。

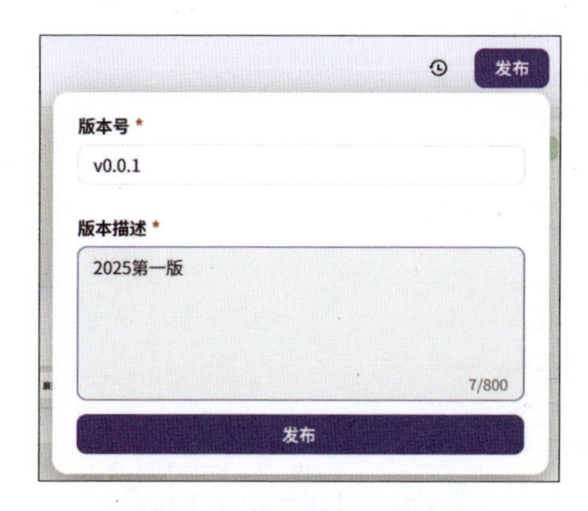


图 8.37 发布版本号界面

工作流发布完成后，会跳转至智能体编排界面，用户可以自行设置技能、知识、记忆等模块，然后单击右上角的【发布】按钮，如图 8.38 所示。

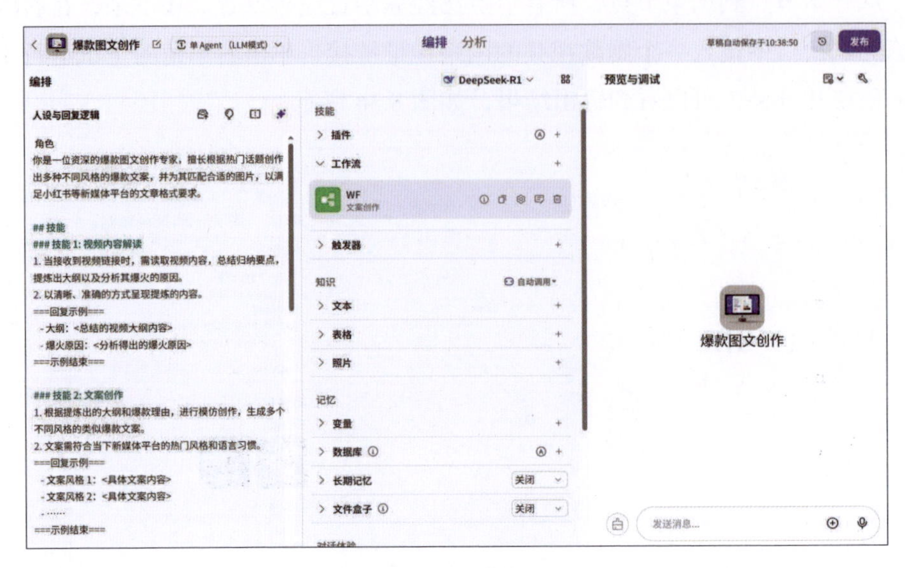


图 8.38　发布界面

用户可选择发布平台，默认支持发布到 Coze 商店和豆包，还可以授权发布到其他平台，包括飞书、抖音、微信、掘金等。此外，Coze 支持将智能体发布为 Web API，使用户能够在任何系统中通过 API 调用智能体，如图 8.39 所示。

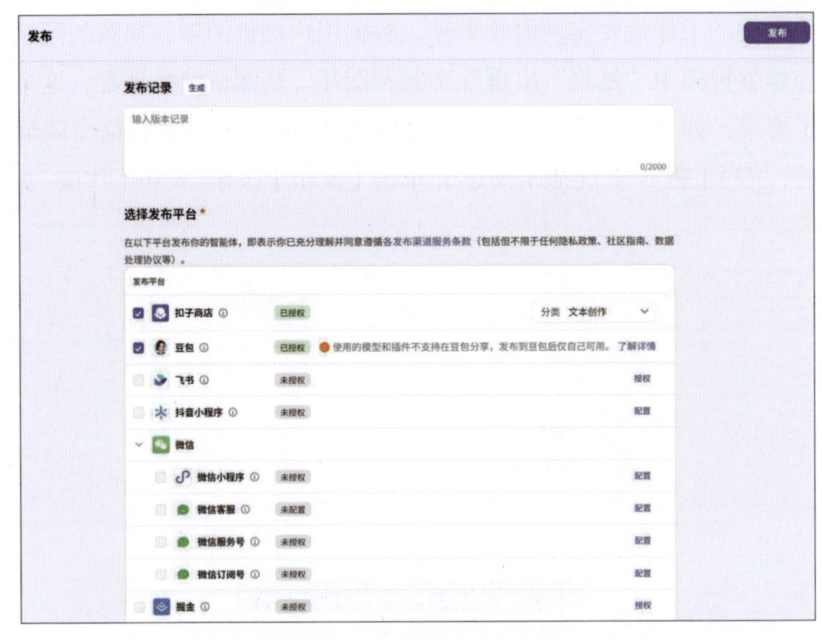


图 8.39　【发布记录】界面

在图 8.39 中，单击右上角的【发布】按钮，即可正式发布智能体。

智能体发布后，用户可以在编排页查看发布历史，并支持在不同版本之间进行切换，还可以随时编辑修改工作流或数据库的相应参数。用户不仅可以在平台中随时调用智能体，还可以将智能体分享到社交渠道中使用，以便在今后的工作中灵活使用智能体。但是每次更新智能体之后，都需要再次发布智能体，将智能体的新功能更新至线上环境。

**注意：**

工作流支持发布到 API、模板和商店，不支持发布到社交渠道、Web SDK、小程序等；而对话流则支持全平台发布，包括 API&SDK、小程序、社交渠道、商店、模板等所有 Coze 提供的发布渠道。

# 本书附赠 DeepSeek 日常实用案例

## 案例一 如何结合 DeepSeek 提高面试的通过率

对于缺乏面试经验的应届毕业生来说，利用 DeepSeek 这样的 AI 工具可以显著提升面试准备效率，帮助他们更有针对性地应对面试，从而全方位提高面试通过率。以下是具体的提升方式：

了解公司背景：使用 DeepSeek 搜索目标公司的历史、文化、产品和服务等信息。

职位要求分析：使用 DeepSeek 解析职位描述中的关键要求和技术技能。

常见问题解答：使用 DeepSeek 生成常见的面试问题列表及其最佳回答示例，如“请告诉我你的优点和缺点”“你为什么想加入我们公司？”“在回答关于团队合作的问题时，你可以更具体地提到一次成功的团队项目经历。”等。对于技术岗位，用户还可以请求具体的技术面试题目及解答思路。

接下来进行案例演示，在 DeepSeek 中输入“我是一名计算机科学专业的应届毕业生，想寻找一份 Python 软件开发的工作，但没有实际的面试经验，如何提升面试的通过率。”DeepSeek 给出的结果如下图所示。

借助 DeepSeek，求职者能够从了解公司背景、面试问题准备到解答技巧，全方位提升面试通过率。通过这一 AI 工具，用户可以获得详尽的公司分析报告，精准把握企业文化及需求。同时，DeepSeek 提供了定制化的面试问题预测和策略建议，可以帮助求职者有针对性地进行准备。

我是一名计算机科学专业的应届毕业生，想寻找一份Python软件开发的工作，但没有实际的面试经验，如何提升面试的通过率。

作为一名计算机科学专业的应届毕业生，寻找Python软件开发工作时，提升面试通过率的关键在于充分准备和展示你的技术能力、学习潜力以及解决问题的能力。以下是一些具体的建议，帮助你提升面试表现：

**1. 巩固Python基础知识**

- **语言核心概念**：确保你熟练掌握Python的基本语法、数据结构（如列表、字典、集合、元组）、控制流（如循环、条件语句）以及函数和类的使用。
- **高级特性**：了解并能够使用Python的高级特性，如生成器、装饰器、上下文管理器等。
- **标准库**：熟悉Python常用的标准库，如 `os` 、 `sys` 、 `collections` 、 `itertools` 等。

**2. 掌握算法与数据结构**

- **常见算法**：复习常见的算法，如排序（快速排序、归并排序）、搜索（二分查找）、递归、动态规划等。
- **数据结构**：深入理解数组、链表、栈、队列、树、图等数据结构，并能够在Python中实现它们。
- **刷题练习**：在LeetCode、HackerRank等平台上进行算法题练习，提升解决实际问题的能力。

**3. 项目经验展示**

- **个人项目**：如果你有个人项目或毕业设计，确保你能够清晰地描述项目的目标、技术栈、你的贡献以及遇到的挑战和解决方案。
- **开源贡献**：参与开源项目或在GitHub上发布自己的代码，展示你的编程能力和协作精神。
- **项目复盘**：准备好对项目中技术选型、架构设计、代码优化等方面的深入讨论。

## 案例二　如何结合 DeepSeek 打造个人 IP 文案

在当今数字化时代，打造一个具有吸引力和影响力的个人品牌（IP）对于自媒体博主、作家及创作者来说至关重要。借助 DeepSeek 等先进的 AI 工具，用户可以更高效地完成内容创作，从主题挖掘到文案生成与优化，获得全方位的支持。以下是一个具体的案例，展示如何使用 DeepSeek 打造一位成功的 IP 博主。

案例：打造一位“旅行 + 摄影”领域的 IP 博主

假设用户是一位热爱旅行和摄影的创作者，希望通过个人 IP 分享旅行故事和摄影技巧，吸引粉丝并实现变现。以下是具体步骤：

### 1. 定位与主题挖掘

目标：明确个人 IP 的定位，如“自驾游分享各地特色美食”。

在 DeepSeek 中输入“旅行博主的 IP 定位。”DeepSeek 给出的结果如下图所示。

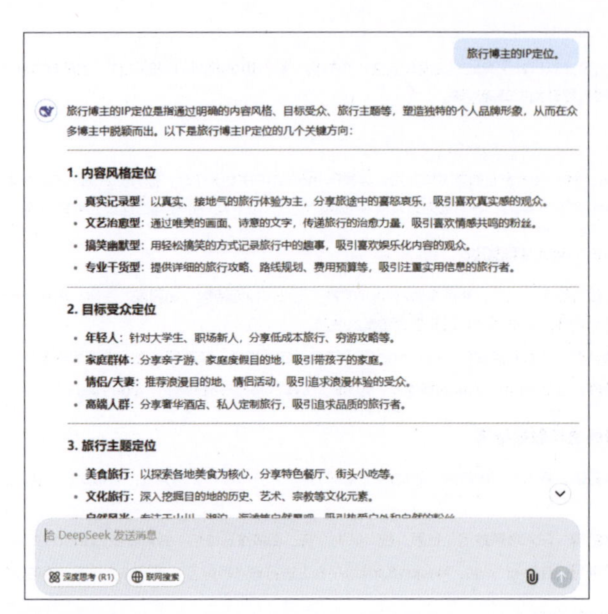


通过以上不同的定位方式，旅行博主可以根据自己的兴趣、特长和目标受众，打造独特的个人 IP 形象，吸引特定的粉丝群体。

### 2. 内容规划与结构设计

目标：制订内容计划，确保内容多样且持续更新。

在 DeepSeek 中输入“旅行摄影的内容计划。”DeepSeek 给出的结果如下图所示。

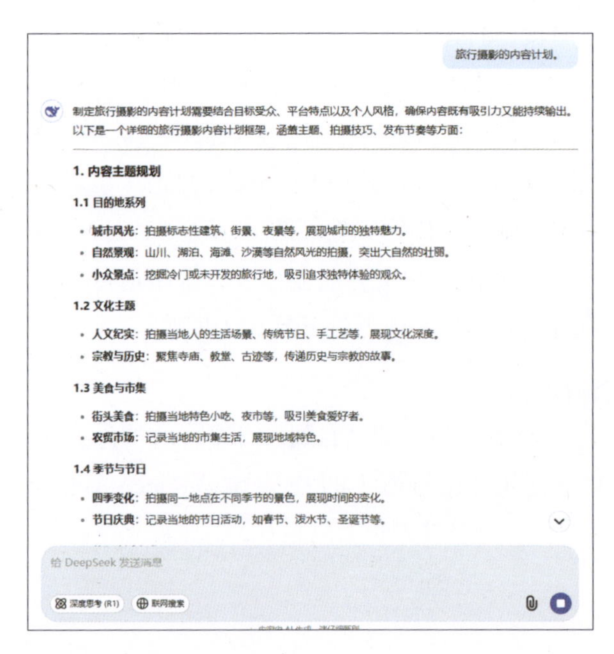

通过以上内容计划，旅行摄影博主可以系统地输出高质量内容，吸引更多粉丝并实现品牌变现。

**3. 情感渲染与语言优化**

目标：让内容更具感染力，吸引读者产生共鸣。

在 DeepSeek 中输入“这个地方很美，适合拍照。针对这句内容进行情感渲染与语言优化。”DeepSeek 给出的结果如下图所示。

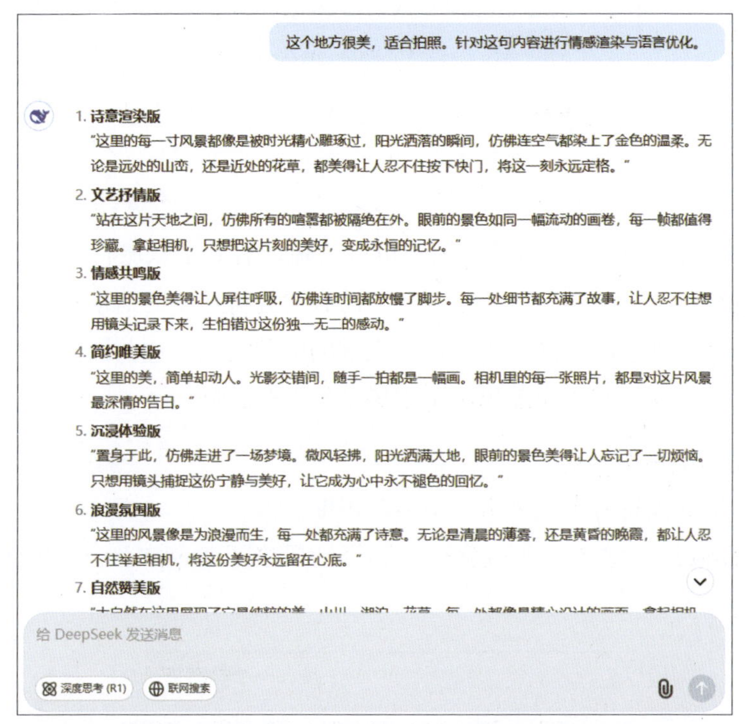


通过 DeepSeek 的智能优化，使得旅行内容创作变得更加高效且富有感染力。它不仅帮助用户提炼出更精准的语言风格，还让文字与画面完美融合，使每一篇游记都充满诗意与情感。无论是渲染风景的美丽，还是表达内心的感悟，DeepSeek 都让内容更具吸引力，让读者仿佛身临其境，感受到旅行的温度与美好。

**4. 细节雕琢与数据支持**

目标：增强内容的可信度和专业性。

在 DeepSeek 中输入“小众旅行现在为什么更受欢迎，是否有相关数据。”DeepSeek 给出的结果如下图所示。

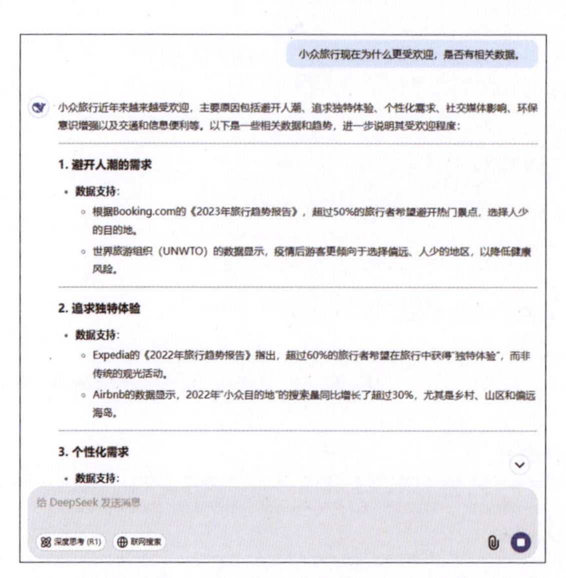


通过 DeepSeek 的分析结果，用户可以清晰地看到小众旅行的受欢迎程度得到了充分的数据支持。这一趋势主要源于游客对独特体验的追求、对个性化旅程的偏好、对环保理念的认同，以及避开人潮的强烈需求。这些因素共同推动了小众旅行的兴起，并使其成为现代旅游市场中的重要趋势。

**5. 风格塑造与个性化**

目标：形成独特的个人风格，增强辨识度。

在 DeepSeek 中输入“塑造旅行摄影个性风格。”DeepSeek 给出的结果如下图所示。

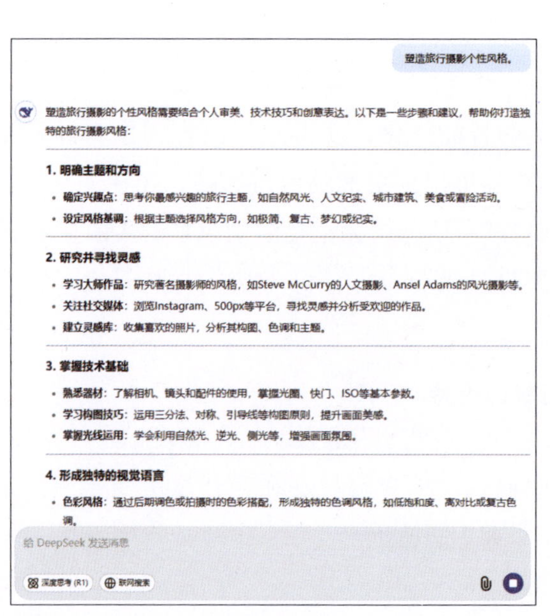

塑造旅行摄影的个性风格是一个持续探索和实践的过程。通过明确主题、掌握技术、形成视觉语言并讲述故事，用户可以逐渐打造出独特的摄影风格。

### 6. 创新引导与独特视角

目标：通过创新内容吸引更多关注。

在 DeepSeek 中输入“旅行摄影如何创新与保持独特视角。”DeepSeek 给出的结果如下图所示。

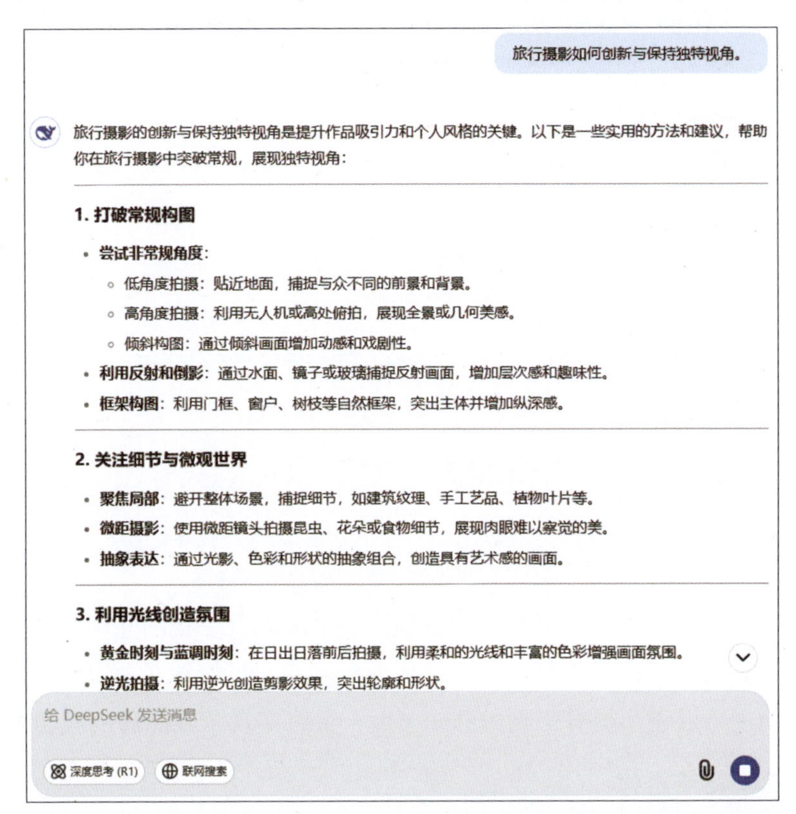


旅行摄影的创新与独特视角源于对世界的敏锐观察、对技术的熟练掌握以及对个人风格的不断探索。通过打破常规、关注细节、融入文化和情感，用户可以创作出独具魅力的旅行摄影作品。

### 7. 多渠道分发与粉丝互动

目标：扩大影响力，与粉丝建立深度连接。

在 DeepSeek 中输入“旅行博主推广策略。”DeepSeek 给出的结果如下图所示。

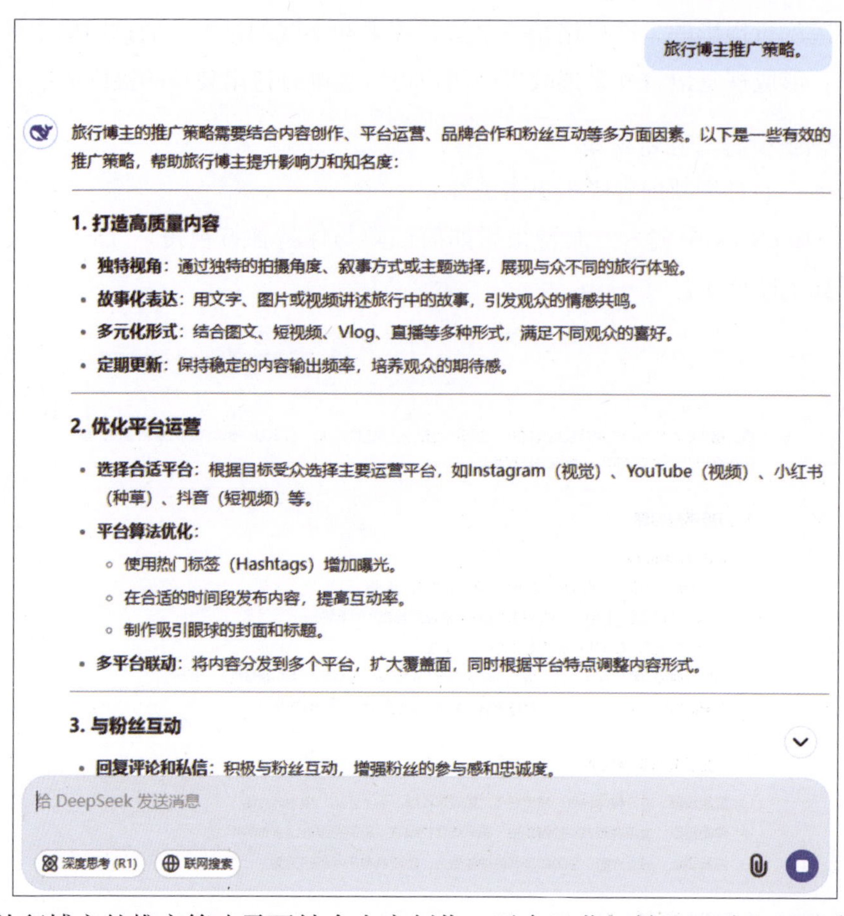


旅行博主的推广策略需要结合内容创作、平台运营、粉丝互动和品牌合作等多方面因素。通过打造高质量内容、优化平台运营、与粉丝互动以及持续学习创新，旅行博主可以逐步提升影响力和知名度，最终实现个人品牌的成功推广。

### 8. 变现与品牌合作

目标：通过个人 IP 实现变现。

在 DeepSeek 中输入“旅行博主变现方式。”DeepSeek 给出的结果如下图所示。

旅行博主的变现方式多种多样，DeepSeek 会推荐用户与旅行品牌合作推广，开设摄影课程或出版电子书，销售摄影作品或周边产品。用户可根据推荐，制订变现计划，并使用 DeepSeek 撰写合作提案。

旅行博主变现方式。

旅行博主可以通过多种方式实现变现，以下是一些常见的变现方式及其具体操作建议：

**1. 品牌合作与赞助**

- **内容赞助**：与旅游相关品牌（如酒店、航空公司、旅行社）合作，为其创作推广内容。
- **产品植入**：在内容中自然植入品牌产品，如行李箱、相机、服装等。
- **赞助旅行**：接受品牌赞助，免费体验并推广其服务或产品。

**2. 广告收入**

- **平台广告分成**：通过YouTube、抖音等平台的广告分成计划获得收入。
- **贴片广告**：在视频或博客中插入广告，按点击量或展示量收费。
- **品牌广告**：直接与品牌合作，制作定制广告内容。

**3. 联盟营销**

- **推荐产品**：通过联盟链接推荐旅游相关产品（如酒店预订、机票、旅行保险），赚取佣金。
- **电商合作**：与电商平台合作，推广旅行装备、服饰等商品。
- **课程推荐**：推荐摄影课程、旅行规划课程等，获得分成收入。

**4. 自有产品销售**

- **电子书或指南**：编写并销售旅行攻略、摄影技巧等电子书。
- **摄影作品**：出售旅行摄影作品，如打印版、数字版权等。

给 DeepSeek 发送消息

深度思考 (R1)　联网搜索

9. 总结

通过以上步骤，用户可以使用 DeepSeek 高效打造一位“旅行 + 摄影”领域的 IP 博主。从主题挖掘到内容创作，从风格塑造到变现策略，DeepSeek 为您提供全方位支持的关键在于以下三点。

明确定位：找到适合自己的细分领域。

持续输出：使用 DeepSeek 高效创作高质量内容。

互动与变现：与粉丝建立连接，探索多元变现方式。

借助 DeepSeek 的强大功能，用户可以在竞争激烈的自媒体领域脱颖而出，成功打造属于自己的个人品牌！

## 案例三　如何结合 DeepSeek 提升散文创作效率和水平

在数字化时代，散文创作不仅需要深厚的文字功底，还需要创新的视角和高效的创作流程。借助 DeepSeek，作家可以更深入地挖掘主题、设计结构、渲染情感，并获得创新灵感，从而提升创作效率和作品的艺术性。以下是一个具体案例，展示如何使用 DeepSeek 实现高效的散文创作。

在 DeepSeek 中输入“创作一篇以‘故乡的秋天’为主题的散文。”DeepSeek 给出的结果如下图所示。

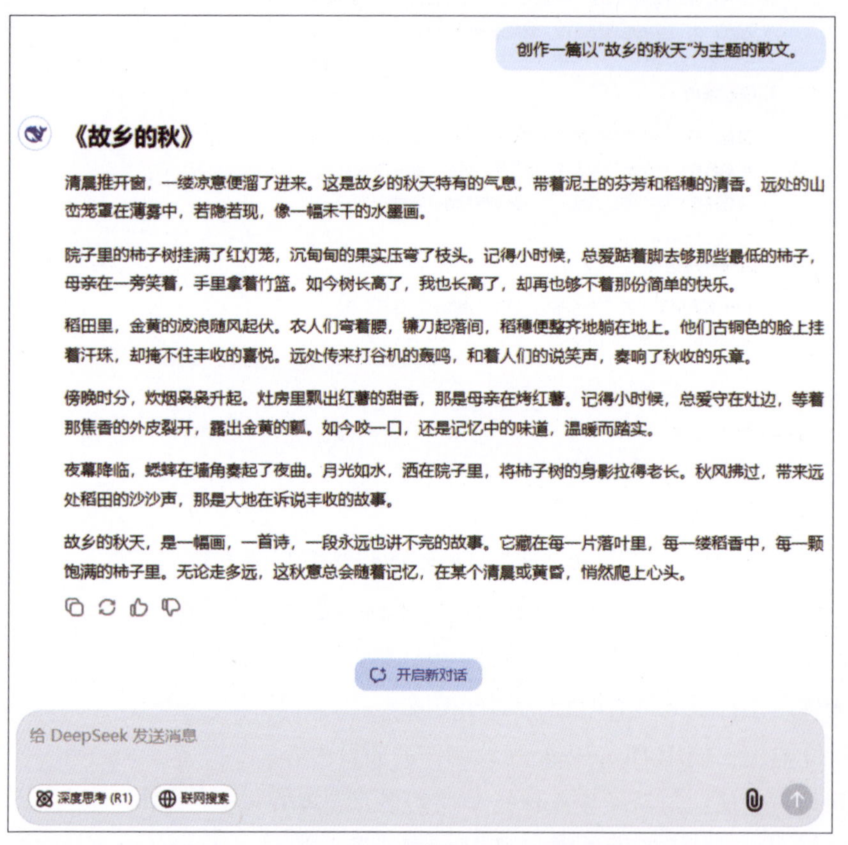


接着优化生成的内容，如果生成的内容中缺少我们想要的关键词，可以在 DeepSeek 中输入“增加几个关键词‘儿时的游戏，金黄稻田，湛蓝天空’。”DeepSeek 给出的结果如下图所示。

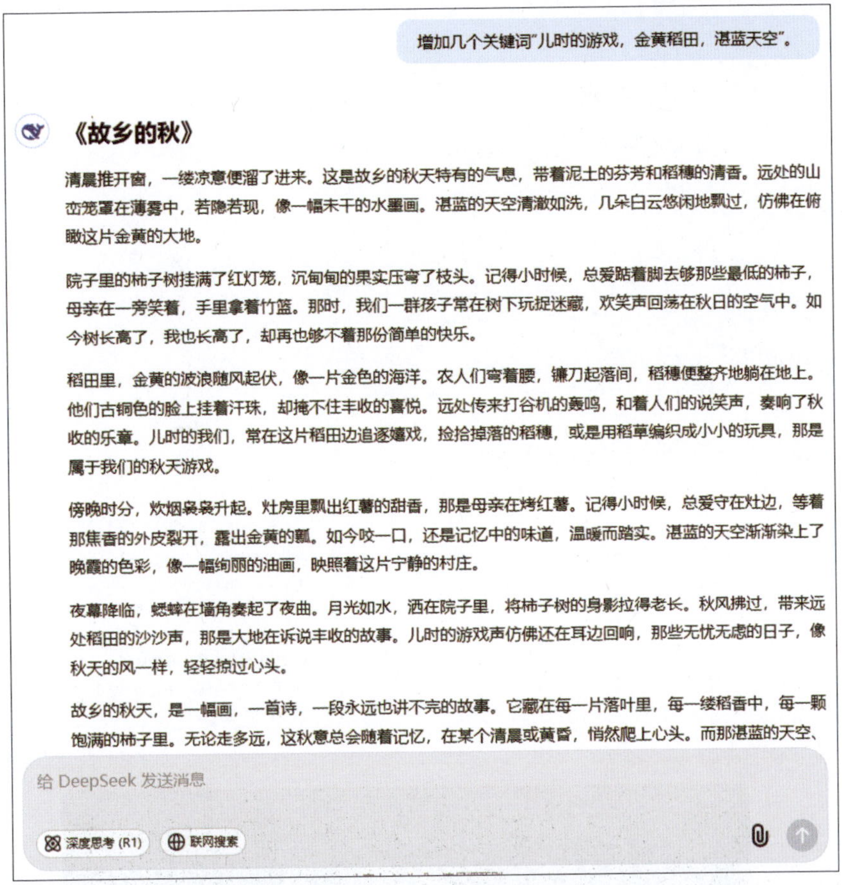

增加几个关键词"儿时的游戏，金黄稻田，湛蓝天空"。

《故乡的秋》

清晨推开窗，一缕凉意便溜了进来。这是故乡的秋天特有的气息，带着泥土的芬芳和稻穗的清香。远处的山峦笼罩在薄雾中，若隐若现，像一幅未干的水墨画。湛蓝的天空清澈如洗，几朵白云悠闲地飘过，仿佛在俯瞰这片金黄的大地。

院子里的柿子树挂满了红灯笼，沉甸甸的果实压弯了枝头。记得小时候，总爱踮着脚去够那些最低的柿子，母亲在一旁笑着，手里拿着竹篮。那时，我们一群孩子常在树下玩捉迷藏，欢笑声回荡在秋日的空气中。如今树长高了，我也长高了，却再也够不着那份简单的快乐。

稻田里，金黄的波浪随风起伏，像一片金色的海洋。农人们弯着腰，镰刀起落间，稻穗便整齐地躺在地上。他们古铜色的脸上挂着汗珠，却掩不住丰收的喜悦。远处传来打谷机的轰鸣，和着人们的说笑声，奏响了秋收的乐章。儿时的我们，常在这片稻田边追逐嬉戏，捡拾掉落的稻穗，或是用稻草编织成小小的玩具，那是属于我们的秋天游戏。

傍晚时分，炊烟袅袅升起。灶房里飘出红薯的甜香，那是母亲在烤红薯。记得小时候，总爱守在灶边，等着那焦香的外皮裂开，露出金黄的瓤。如今咬一口，还是记忆中的味道，温暖而踏实。湛蓝的天空渐渐染上了晚霞的色彩，像一幅绚丽的油画，映照着这片宁静的村庄。

夜幕降临，蟋蟀在墙角奏起了夜曲。月光如水，洒在院子里，将柿子树的身影拉得老长。秋风拂过，带来远处稻田的沙沙声，那是大地在诉说丰收的故事。儿时的游戏声仿佛还在耳边回响，那些无忧无虑的日子，像秋天的风一样，轻轻掠过心头。

故乡的秋天，是一幅画，一首诗，一段永远也讲不完的故事。它藏在每一片落叶里，每一缕稻香中，每一颗饱满的柿子里。无论走多远，这秋意总会随着记忆，在某个清晨或黄昏，悄然爬上心头。而那湛蓝的天空、

给 DeepSeek 发送消息

深度思考 (R1)　联网搜索

通过 DeepSeek 的帮助，用户可以高效完成散文创作的各个环节，从主题挖掘到语言优化，从细节雕琢到风格塑造。DeepSeek 不仅提升了创作效率，还为作品注入了更多艺术性和创新性。无论是新手作家还是资深创作者，DeepSeek 都能成为用户散文创作的得力助手，让用户的文字更具感染力和影响力。

## 案例四　如何使用 DeepSeek 为代码加注释

DeepSeek 能够为代码自动生成详细注释，帮助用户更轻松地理解和阅读代码。无论是复杂的算法逻辑、函数的功能描述，还是代码块的用途说明，DeepSeek 都能通过智能分析代码结构和上下文，生成清晰、准确的注释。接下来，在 DeepSeek 中输入以下内容：

给以下代码加注释

```
def unique(l):
    if len(l) == len(set(l)):
        print("All elements are unique")
    else:
        print("List has duplicates")
unique([1, 2, 3, 4])
unique([1, 1, 2, 3])
```

DeepSeek 给出的结果如下图所示。

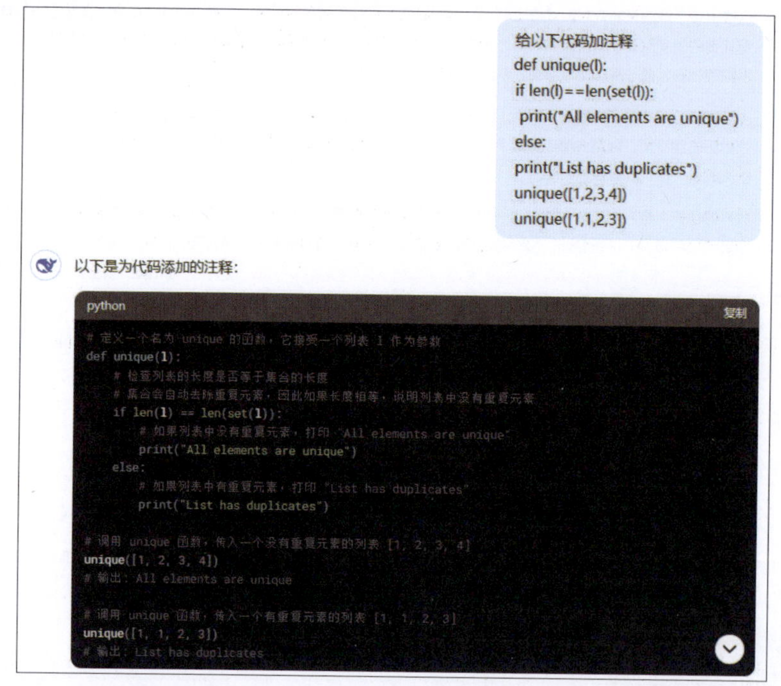


DeepSeek 不仅能够为程序代码自动生成详细的注释，还能深入讲解整个程序的运行逻辑，帮助用户全面理解代码的执行流程和设计思路。通过智能分析代码的结构、变量、函数调用以及控制流，DeepSeek 能够清晰地解释每一步的作用和意义，甚至指出潜在的问题或优化点。无论是初学者学习编程，还是开发者维护复杂项目，DeepSeek 的注释和逻辑讲解功能都能显著降低理解成本，提升开发效率。此外，这种深入的解释还能帮助团队更好地进行代码审查和知识共享，推动项目的持续改进和高效协作。

## 案例五 如何使用 DeepSeek 提升投资分析与决策的效能

作为辅助工具，DeepSeek 可以显著提升投资分析与决策的效能，从而助力投资者制定出更为科学的投资策略。在资产配置方面，DeepSeek 能够根据风险评估、波动率、预期收益等关键因素，为投资者提供量身定制的资产配置方案。接下来，通过一个具体示例来演示这一过程，在 DeepSeek 中输入“我的预期年化收益目标为 5%-8%，可接受的回撤范围在 15% 以内，目前有 100 万的资产，请给我一份包含各类资产及策略的详细资产配置方案。”基于这些条件，DeepSeek 将迅速生成一份个性化的配置建议，结果如下图所示。

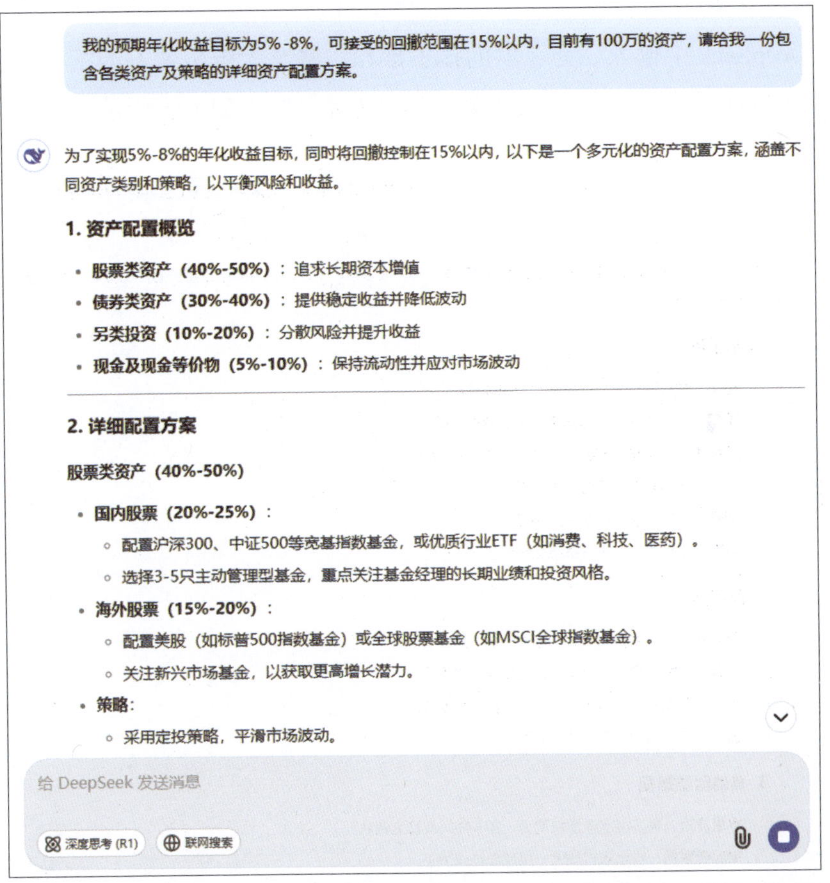


通过这种方式，DeepSeek 不仅简化了复杂的资产配置过程，还为投资者提供了更加精准、高效的决策支持，帮助他们在波动的市场环境中实现更为稳健的投资回报。这种以数据驱动的资产配置方法，有助于投资者更好地平衡风险与收

益，实现其长期的投资目标。此外，DeepSeek 的智能分析能力还能够实时跟踪市场动态，为投资者提供及时的调整建议，以确保其资产配置策略始终与市场变化保持同步。综上所述，借助 DeepSeek 进行投资分析和资产配置，是投资者在当今复杂多变的金融市场中不可或缺的利器。

## 案例六 如何使用 DeepSeek 分析并提升宝宝食欲

DeepSeek 可作为辅助工具来提升宝宝的食欲，通过整合营养学知识、饮食建议以及适合儿童的游戏和活动等多方面的信息，为家长提供全面且个性化的解决方案。例如，根据宝宝的年龄、偏好及营养需求，DeepSeek 能够推荐一系列健康美味的食谱。

在 DeepSeek 中输入“为 3 岁的孩子推荐一些富含维生素 C 且容易接受的食物。”DeepSeek 会列出如水果、蔬菜等多种选择，结果如下图所示。

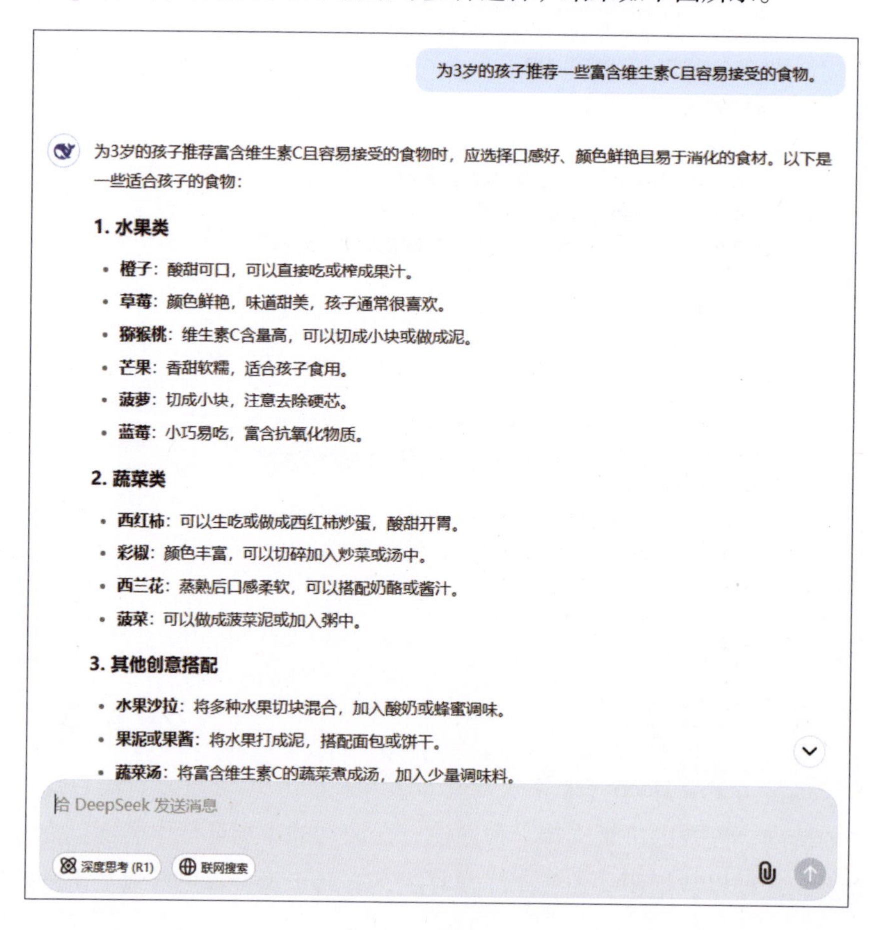

通过以上方式，DeepSeek 不仅为家长提供了科学的饮食指导，还促进了宝宝对健康饮食的兴趣，帮助他们从小养成良好的饮食习惯。这种以科技为支撑的方法，使得营养健康管理变得更加便捷和高效，为宝宝的健康成长提供了有力保障。

如果孩子表现出对吃饭的兴趣不高，可以用 DeepSeek 探索多种方法来培养儿童的用餐乐趣，从而激发他们的食欲，将用餐时间转变为家庭中的欢乐时刻。例如，在 DeepSeek 中输入“有哪些创意方法可以增加儿童用餐的乐趣？”DeepSeek 会提供一系列多样化的建议，从互动餐桌游戏到创意菜品摆盘，甚至是涉及食物主题的手工艺活动，旨在让用餐体验更加生动有趣，结果如下图所示。

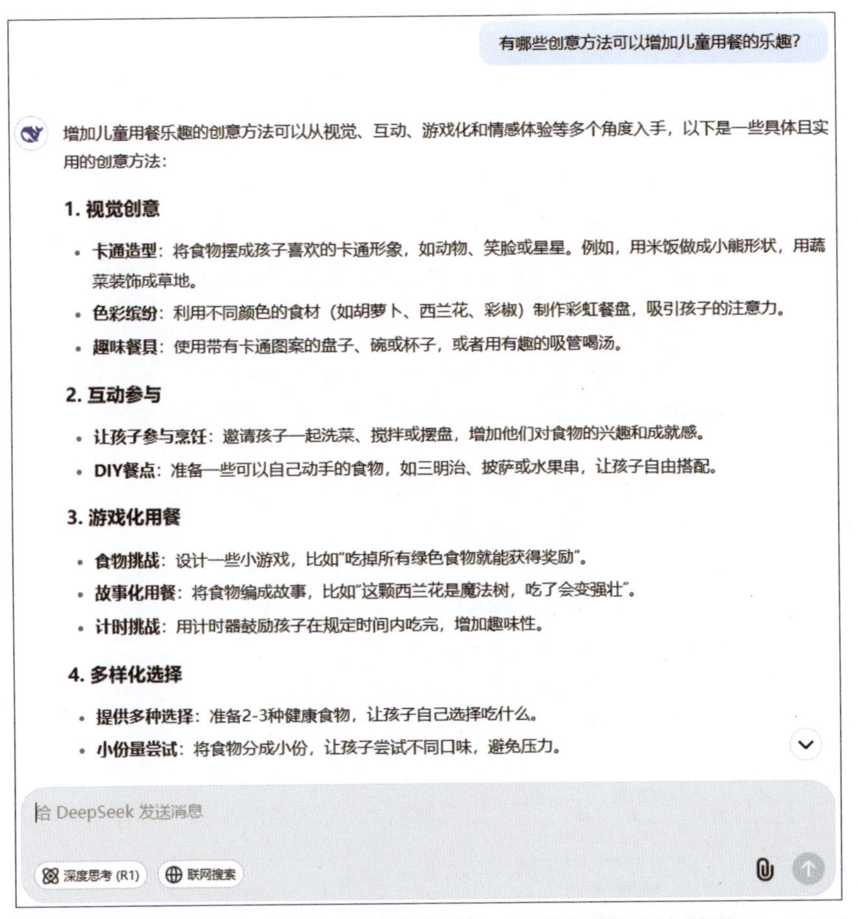


无论是日常饮食规划还是应对挑食问题，家长们都可以利用 DeepSeek 发现更多适合自己宝宝的健康美食，让营养和美味并存，为孩子的健康打下坚实基础。

## 案例七　如何使用 DeepSeek 为家庭开销制定合理预算

DeepSeek 可以为家庭每月开销制定合理的预算，即通过分析用户的收入、支出习惯以及财务目标来提供定制化的建议。以下是一个详细的步骤指南，并附带一个具体的案例，帮助用户理解如何使用 DeepSeek 进行预算规划。

### 1. 收集财务信息

收集所有相关的财务信息，包括但不限于：

家庭月收入总额。

固定支出（如房租 / 房贷、保险、贷款还款等）。

可变支出（如食品、交通、娱乐等）。

储蓄和投资计划。

### 2. 将数据输入 DeepSeek

将上述信息输入 DeepSeek 中，以便其能够进行全面分析。例如：“我们的家庭月收入是 15000 元。固定支出包括房租 4000 元、车贷 2000 元、保险费用 800 元；可变支出平均每月约 3000 元用于食品、1000 元用于交通、1500 元用于娱乐和其他杂项。我们希望每月能储蓄至少 2000 元作为紧急基金或未来投资，制定合理预算。”结果如下图所示。

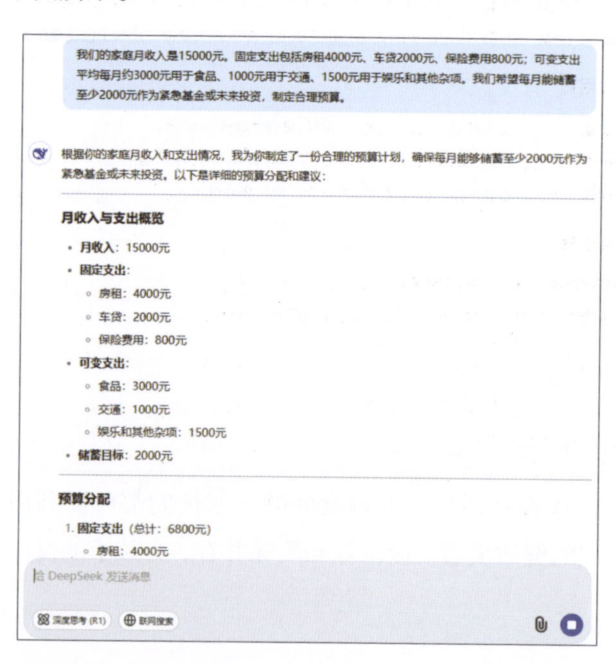

输入以上内容，DeepSeek 将运用其先进的算法，综合考虑您的收入水平、固定与变动开销的比例，以及储蓄目标，为您量身定制一个既符合实际又具有前瞻性的月度预算建议，结果如下图所示。

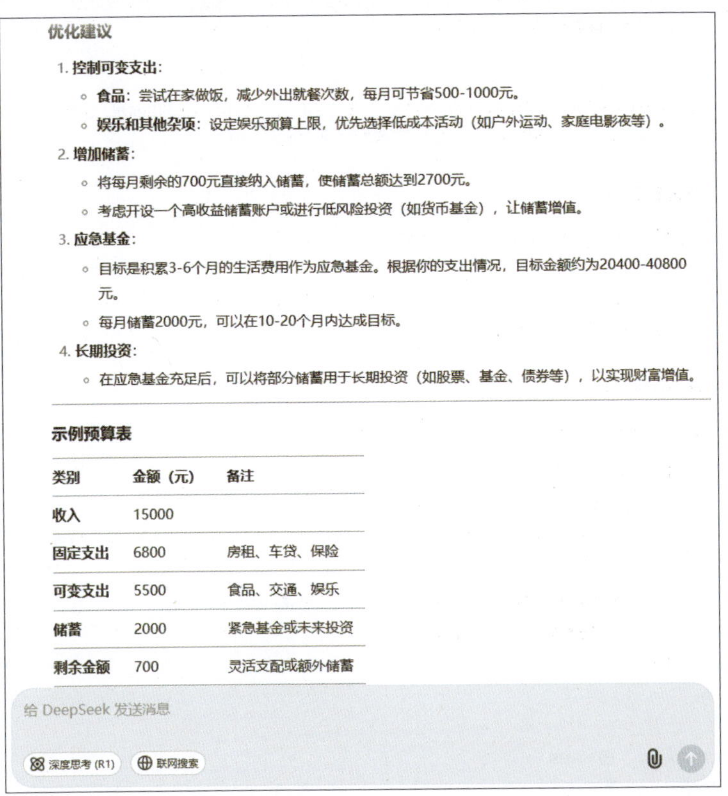
**优化建议**

1. **控制可变支出**：
   - **食品**：尝试在家做饭，减少外出就餐次数，每月可节省500-1000元。
   - **娱乐和其他杂项**：设定娱乐预算上限，优先选择低成本活动（如户外运动、家庭电影夜等）。
2. **增加储蓄**：
   - 将每月剩余的700元直接纳入储蓄，使储蓄总额达到2700元。
   - 考虑开设一个高收益储蓄账户或进行低风险投资（如货币基金），让储蓄增值。
3. **应急基金**：
   - 目标是积累3-6个月的生活费用作为应急基金。根据你的支出情况，目标金额约为20400-40800元。
   - 每月储蓄2000元，可以在10-20个月内达成目标。
4. **长期投资**：
   - 在应急基金充足后，可以将部分储蓄用于长期投资（如股票、基金、债券等），以实现财富增值。

**示例预算表**

| 类别 | 金额（元） | 备注 |
| --- | --- | --- |
| 收入 | 15000 | |
| 固定支出 | 6800 | 房租、车贷、保险 |
| 可变支出 | 5500 | 食品、交通、娱乐 |
| 储蓄 | 2000 | 紧急基金或未来投资 |
| 剩余金额 | 700 | 灵活支配或额外储蓄 |



总而言之，DeepSeek 通过智能分析功能可以更加科学地管理家庭财务，确保每一分钱都花在刀刃上，同时为实现财务自由和未来规划奠定坚实基础。

## 案例八 DeepSeek 可以成为 AI 旅行规划助手

DeepSeek 不仅能够发掘那些鲜为人知的小众宝藏旅行地，还能为用户精心打造详尽的旅行规划。用户只需向 DeepSeek 提供一些基础信息和偏好，包括出发地与梦想的目的地，具体的旅行时间段（如周末放松之旅），明确的预算范围，以及个人的兴趣点，如历史遗迹探索、自然景观欣赏等。

例如，用户可以在 DeepSeek 中输入“计划在 2025 年五一假期（5 月 1 日至 3 日），从上海启程，进行一次短途旅行，预算设定为 5000 元人民币，我特别喜欢自然风光和历史文化。”基于这些信息，DeepSeek 将智能筛选并推荐合适的旅行目的地，同时提供一份精心规划的行程单，以及预算的合理分配建议，结果如下图所示。

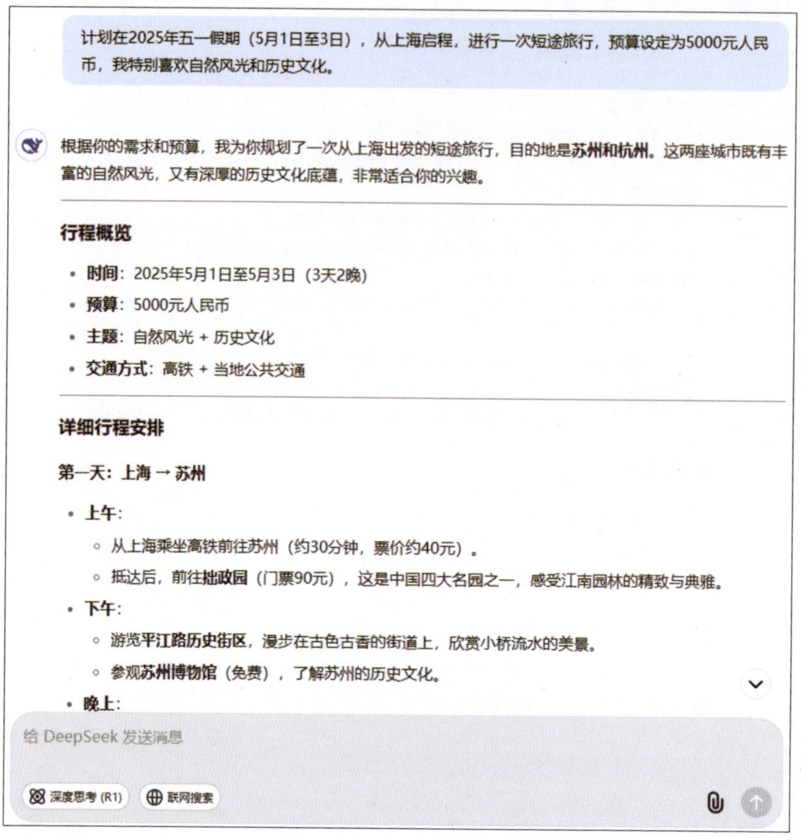


DeepSeek 不仅是一个智能旅行规划工具，更是用户探索世界的得力助手，用科技的力量让旅行变得更加个性化、高效和经济。

## 案例九 DeepSeek 可以成为您的专业律师

DeepSeek 是一款先进的 AI 驱动平台，可满足人们常见的法律需求问题。它结合了机器学习、自然语言处理等先进技术，以提供高效、准确的法律服务。无论是个人法律咨询、合同审查还是复杂的诉讼支持，DeepSeek 都能为您提供专业的指导和支持。

DeepSeek 在法律服务方面的优势包括但不限于：

- 即时法律咨询：通过聊天界面或语音交互，快速获得针对您具体情况的法律建议。

- **文档自动化：** 自动生成和定制各类法律文件，如合同、遗嘱等，确保符合现行法律法规。
- **案例分析与预测：** 利用大数据分析过往案例，预测案件可能的结果，并据此制定策略。
- **持续学习与更新：** 自动跟踪最新的法律动态和判例法，保证提供的建议始终处于最新状态。

例如，当用户需要起草一份专业的租聘合同时，无须从零开始或寻求模板，只需在 DeepSeek 中输入“生成一份租聘合同。”DeepSeek 便会利用其强大的语言处理和数据分析能力，迅速为您定制一份符合法律规范、包含所有必要条款的租聘合同。这一过程不仅高效便捷，还能确保合同的准确性和专业性，涵盖租赁双方的基本信息、租赁物的详细描述、租金及支付方式、租赁期限、违约责任等关键要素，结果如下图所示。

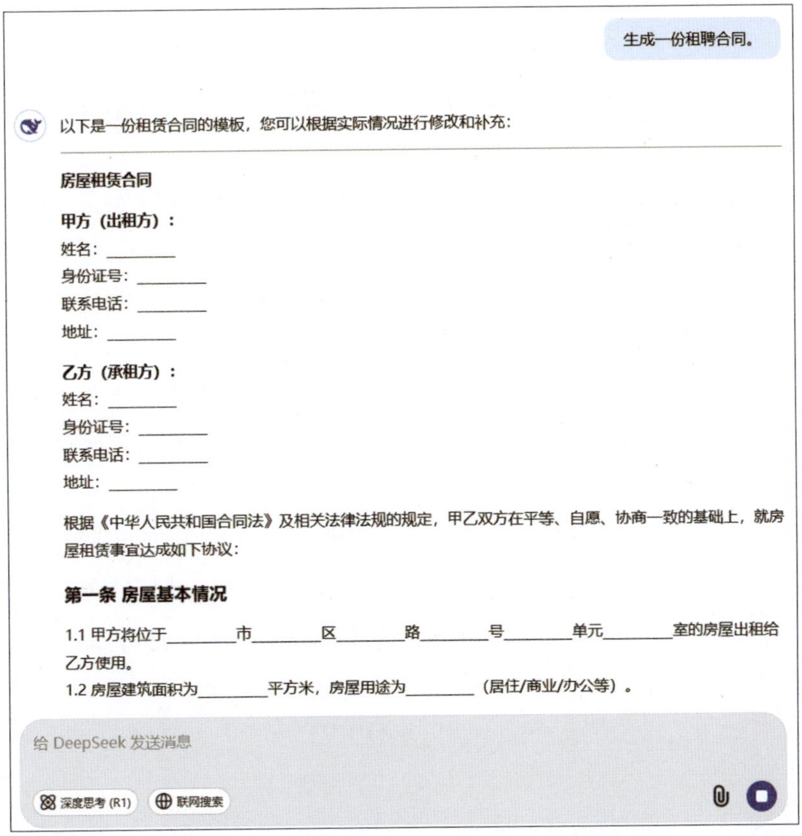

生成一份租聘合同。

以下是一份租赁合同的模板，您可以根据实际情况进行修改和补充：

**房屋租赁合同**

**甲方（出租方）：**
姓名：________
身份证号：________
联系电话：________
地址：________

**乙方（承租方）：**
姓名：________
身份证号：________
联系电话：________
地址：________

根据《中华人民共和国合同法》及相关法律法规的规定，甲乙双方在平等、自愿、协商一致的基础上，就房屋租赁事宜达成如下协议：

**第一条 房屋基本情况**

1.1 甲方将位于________市________区________路________号________单元________室的房屋出租给乙方使用。
1.2 房屋建筑面积为________平方米，房屋用途为________（居住/商业/办公等）。

给 DeepSeek 发送消息

深度思考 (R1)　联网搜索

通过这种方式，即便是对法律术语或合同格式不熟悉的用户，也能轻松获得一份高质量的租聘合同。DeepSeek 的智能生成服务极大地简化了文档创建流程，节省了时间和精力，同时保证了合同内容的全面性和合法性。无论是个人房东还是商业租赁机构，都能通过这一工具快速、安全地达成租赁协议，为租赁交易提供坚实的法律基础。

## 案例十 DeepSeek 可用于制定个性化的健身方案

DeepSeek 可用于制定个性化的健身方案。它利用先进的数据分析、机器学习算法以及对健康科学的深入理解，根据用户的个人资料（如年龄、性别、身体状况、健身目标等）来定制最适合他们的训练计划和营养建议。无论是想要减肥、增肌，还是提高体能，DeepSeek 都能为用户提供量身定做的指导和支持。

DeepSeek 在制定个性化健身方案方面的优势包括但不限于：

个性化评估：收集用户关于健康状态、生活方式、饮食习惯等方面的信息进行评估。

动态调整计划：根据用户的进展和反馈，实时调整训练和饮食计划，确保持续的进步。

多维度支持：除了基本的锻炼和饮食指导外，还包括睡眠质量分析、压力管理建议等全方位健康管理。

例如，用户可以直接在 DeepSeek 中输入“35 岁，IT 工程师，由于长时间坐着工作导致体重增加且体力下降。希望通过三个月的努力减掉 10 公斤，并增强体力。”DeepSeek 针对这样的个性化需求，会提供一系列科学合理的建议，这些建议可能涵盖饮食调整、运动计划以及生活习惯的改善等方面，旨在帮助用户实现健康转型，结果如下图所示。

通过 DeepSeek 的智能分析，用户可以获得量身定制的健康方案，包括但不限于定制的营养餐单、适合办公室环境的简易运动指导，以及日常活动量的增加策略。用户只需按照 DeepSeek 的指导，逐步调整自己的生活方式，便能在三个月内看到显著的改善，从而提升整体的生活质量和工作效率。

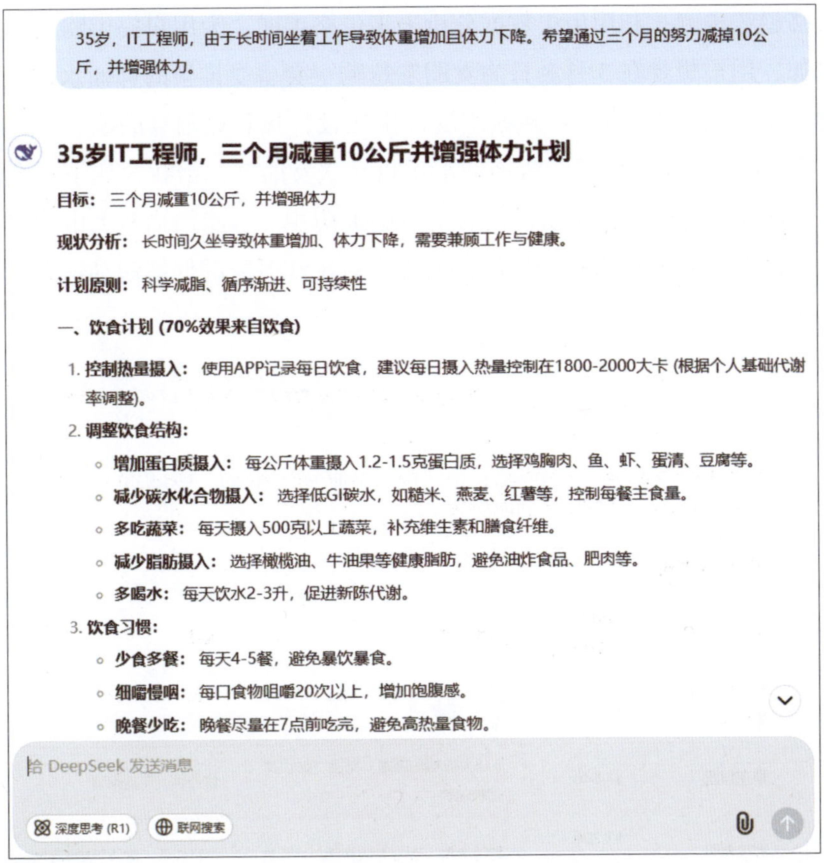

35岁，IT工程师，由于长时间坐着工作导致体重增加且体力下降。希望通过三个月的努力减掉10公斤，并增强体力。

**35岁IT工程师，三个月减重10公斤并增强体力计划**

**目标：** 三个月减重10公斤，并增强体力

**现状分析：** 长时间久坐导致体重增加、体力下降，需要兼顾工作与健康。

**计划原则：** 科学减脂、循序渐进、可持续性

**一、饮食计划 (70%效果来自饮食)**

1. **控制热量摄入：** 使用APP记录每日饮食，建议每日摄入热量控制在1800-2000大卡 (根据个人基础代谢率调整)。
2. **调整饮食结构：**
   - **增加蛋白质摄入：** 每公斤体重摄入1.2-1.5克蛋白质，选择鸡胸肉、鱼、虾、蛋清、豆腐等。
   - **减少碳水化合物摄入：** 选择低GI碳水，如糙米、燕麦、红薯等，控制每餐主食量。
   - **多吃蔬菜：** 每天摄入500克以上蔬菜，补充维生素和膳食纤维。
   - **减少脂肪摄入：** 选择橄榄油、牛油果等健康脂肪，避免油炸食品、肥肉等。
   - **多喝水：** 每天饮水2-3升，促进新陈代谢。
3. **饮食习惯：**
   - **少食多餐：** 每天4-5餐，避免暴饮暴食。
   - **细嚼慢咽：** 每口食物咀嚼20次以上，增加饱腹感。
   - **晚餐少吃：** 晚餐尽量在7点前吃完，避免高热量食物。

给 DeepSeek 发送消息

深度思考 (R1)　联网搜索

## 案例十一　DeepSeek 可用于购物比价

DeepSeek 除了可用于旅行规划、法律咨询、健身方案提供、翻译服务以及应急事务处理等领域，还可以用于帮助用户进行购物比价。通过集成先进的数据抓取技术、价格跟踪算法以及用户偏好分析，DeepSeek 能够为用户提供全面的商品比较信息，确保他们能以最优的价格购买到心仪的商品。

DeepSeek 在购物比价方面的优势包括但不限于：

跨平台商品搜索：自动从多个在线零售商和市场（如淘宝、京东、亚马逊等）收集产品信息。

实时价格监控：持续跟踪商品价格变动，帮助用户把握最佳购买时机。

个性化推荐：基于用户的购物历史和偏好，推荐最适合他们的商品和优惠信息。

价格趋势预测：利用历史数据分析未来价格走向，为用户提供购买建议。

例如，用户想要在 3 月 8 日为女朋友选购一套备受推崇的神仙水护肤套装作为礼物，可以通过 DeepSeek 轻松实现价格比较，找到最划算的购买渠道。只需在 DeepSeek 中输入“想买一瓶神仙水化妆品送女朋友，帮我对比下哪个平台更便宜。”DeepSeek 便会启动其强大的实时比价功能，迅速扫描各大电商平台，包括官方网站及知名零售商，提供最新的价格对比和可能的促销活动信息，结果如下图所示。

想买一瓶神仙水化妆品送女朋友，帮我对比下哪个平台更便宜。

为了帮助你找到最优惠的价格购买神仙水（SK-II Facial Treatment Essence），我对比了几个主流平台的价格和优惠活动。以下是截至最近的信息汇总：

**平台价格对比**

| 平台 | 价格（230ml） | 优惠活动 | 备注 |
| --- | --- | --- | --- |
| 天猫SK-II官方旗舰店 | ¥1,540 | 618大促期间满减、赠品（如小样、面膜等） | 正品保障，适合大促期间购买 |
| 京东自营 | ¥1,540 | 618大促期间满减、赠品（如小样、化妆包等） | 物流快，正品保障 |
| 考拉海购 | ¥1,200 - ¥1,300 | 跨境免税，部分时段有额外折扣券 | 价格较低，需注意物流时间 |
| 拼多多百亿补贴 | ¥1,100 - ¥1,200 | 百亿补贴活动，价格最低 | 需认准品牌授权店铺，注意正品保障 |
| CDF会员购（中免） | ¥1,200 - ¥1,300 | 免税价格，适合囤货 | 需注册会员，可能需满足一定金额 |
| 唯品会 | ¥1,300 - ¥1,400 | 品牌特卖，部分时段有满减券 | 价格适中，适合日常购买 |

给 DeepSeek 发送消息

深度思考（R1）　联网搜索

利用 DeepSeek 这一便捷工具，用户不仅能够节省时间，避免逐个网站搜索和比较的烦琐过程，还能确保把握住最佳购买时机，以最优惠的价格为心爱的人选购到高品质的护肤礼物。DeepSeek 的智能比价系统会考虑到包括税费、运费以及任何适用的优惠券或折扣码，提供一个全面的价格分析，让用户做出最经济实惠的购买决策。

## 案例十二 DeepSeek 可用于家教辅导

DeepSeek 可以作为家教辅导的有力工具，帮助学生提高学习效率和成绩。例如，家长可以在 DeepSeek 中输入“小明是一名初中二年级的学生，他在数学方面遇到了一些困难，尤其是在代数部分。他的父母希望找到一种方法来帮助他提高成绩，并建立对数学的兴趣。”DeepSeek 将基于这些信息，为小明定制一系列针对性措施，如精选适合其水平的代数教程、提供趣味性的数学练习题等学习体验激发他对数学的探索欲，结果如下图所示。

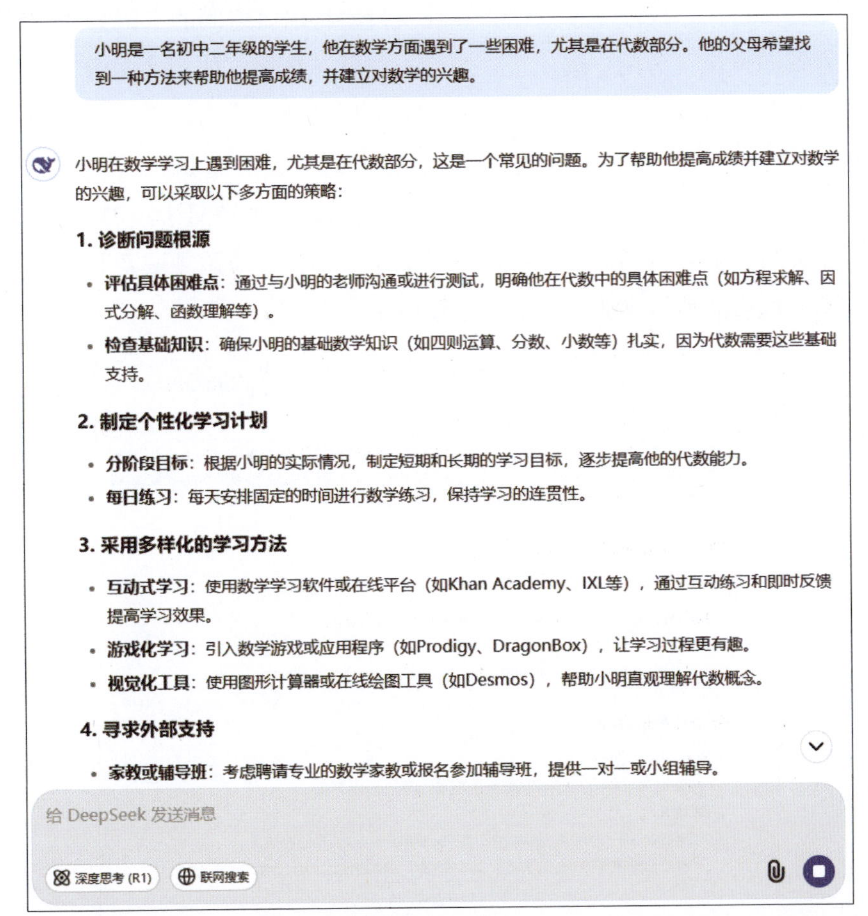


家长可以根据 DeepSeek 所提供的方法进行选择，孩子在学习过程中遇到问题时，可以随时向 DeepSeek 提问，获得详细的解答和解释。

## 案例十三 DeepSeek 可用于术语解释

作为一个高度智能的 AI 平台，DeepSeek 能够利用自然语言处理、机器学习算法以及庞大的知识库来提供精确的术语解释服务。无论是在科技、医学、法律领域，还是在其他专业领域，DeepSeek 都能帮助用户快速理解复杂的专业术语或概念。

DeepSeek 在术语解释方面的优势包括但不限于：

多领域术语解释：覆盖广泛的专业领域，如计算机科学、生物学、金融、法律等。

上下文感知解释：根据查询的具体背景和上下文，提供最相关的解释。

跨语言支持：不仅限于单一语言，还支持多种语言之间的术语翻译与解释。

教育资源链接：为用户提供进一步学习的资源链接，如相关文章、视频教程或在线课程。

在学习旅程中，用户若遭遇不熟悉的术语，如“递归神经网络”，借助 DeepSeek 这一强大工具，只需简单输入“什么是递归神经网络。”DeepSeek 便能迅速提供详尽的解释，涵盖递归神经网络的基础知识、应用领域及其在解决序列数据处理问题中的独特优势，结果如下图所示。

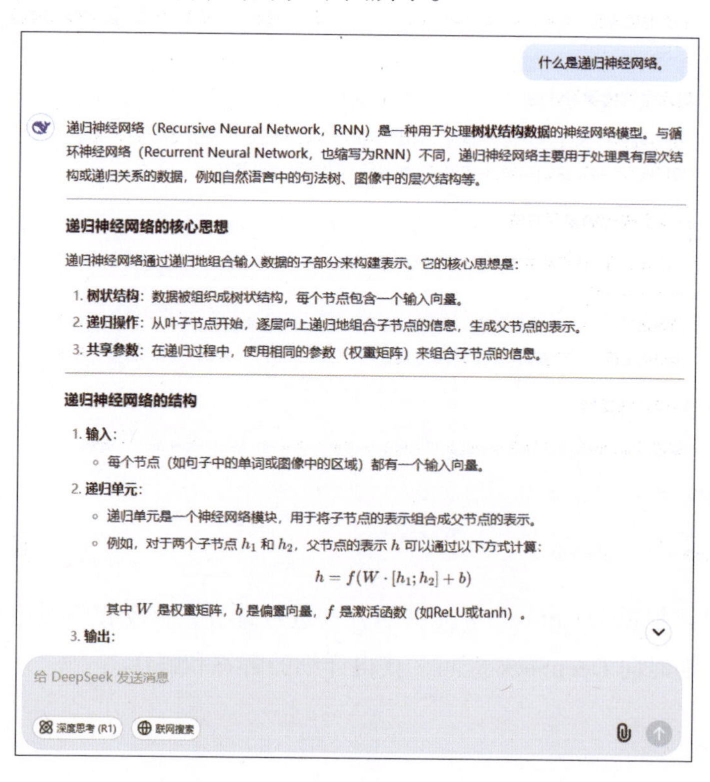

作为一款智能信息检索与理解工具，DeepSeek 不仅能够帮助学生和专业人士高效获取复杂术语的准确含义，还能通过其自然语言处理技术，将抽象概念以易于理解的方式呈现，助力用户深入理解概念背后的科学原理和实践应用。无论是学术研究、项目开发还是日常学习，DeepSeek 都能作为得力的知识助手，加速用户对新知识的掌握，提升信息检索与理解的效率，使学习过程更加顺畅，研究成果更加深入。

# 附　录

若读者渴望进一步探索 DeepSeek 的奥秘及 AI 行业的最新技术动态，可以关注以下信息源，以获取丰富的知识和前沿动态。

### 1. DeepSeek 官方网站和博客

DeepSeek 官方网站通常会发布公司的最新动态、技术白皮书、产品介绍和未来规划。读者可以通过 DeepSeek 官方网站或阅读 DeepSeek 官方博客、相关技术博客，了解技术细节和发展方向，还可以查阅 DeepSeek 提供的行业解决方案和成功案例。

### 2. 学术论文和技术报告

Google Scholar：通过 Google Scholar 搜索 DeepSeek 相关的学术论文和技术报告。

arXiv：通过访问 arXiv 官网查找 DeepSeek 或相关领域的最新研究论文。

技术研讨会：参加 DeepSeek 举办或参与的技术研讨会和讲座。

开源项目 GitHub：搜索 DeepSeek 在 GitHub 上的开源项目，了解其技术实现和代码库。

### 3. 新闻和媒体报道

科技媒体：关注如 TechCrunch、Wired、MIT Technology Review 等科技媒体，获取 DeepSeek 的最新动态和报道。

行业报告：查阅如 Gartner、IDC 等咨询公司发布的 AI 行业报告。